普通高等学校新工科校企 能制造相关专业系列教材

U0180045

电气设计与制图

组 编　工课帮

主　编　樊　姗

副主编　赵亮培　陈仁科

参　编　帅利梦　赵雅斌

华中科技大学出版社
http://www.hustp.com
中国·武汉

图书在版编目(CIP)数据

电气设计与制图/工课帮组编;樊姗主编. —武汉:华中科技大学出版社,2020.12
ISBN 978-7-5680-6589-4

Ⅰ. ①电… Ⅱ. ①工… ②樊… Ⅲ. ①电气设备-计算机辅助设计 ②电气制图 Ⅳ. ①TM02

中国版本图书馆 CIP 数据核字(2020)第 250227 号

电气设计与制图
Dianqi Sheji yu Zhitu

工课帮　组编
樊　姗　主编

策划编辑:袁　冲
责任编辑:刘　静
责任监印:朱　玢
出版发行:华中科技大学出版社(中国·武汉)　电话:(027)81321913
　　　　　武汉市东湖新技术开发区华工科技园　邮编:430223
录　　排:华中科技大学惠友文印中心
印　　刷:武汉市籍缘印刷厂
开　　本:787mm×1092mm　1/16
印　　张:11.75
字　　数:316千字
版　　次:2020 年 12 月第 1 版第 1 次印刷
定　　价:39.00 元

"工课帮"简介

　　武汉金石兴机器人自动化工程有限公司(简称金石兴)是一家专门致力于工程项目与工程教育的高新技术企业,"工课帮"是金石兴旗下的高端工科教育品牌。

　　自"工课帮"创立以来,教学研发团队一直致力于打造精品课程资源,不断在产、学、研三个层面创新执教理念与教学方针,并集中"工课帮"的优势力量,有针对性地出版了智能制造系列教材二十多种,制作了教学视频数十套,发表了各类技术文章数百篇。

　　"工课帮"不仅研发智能制造系列教材,还为高校师生提供配套学习资源与服务。

　　为高校学生提供的配套服务:

　　(1) 针对高校学生在学习过程中压力大等问题,"工课帮"为高校学生量身打造了"金妞","金妞"致力推行快乐学习。高校学生可添加 QQ(2360363974)获取相关服务。

　　(2) 高校学生可用 QQ 扫描下方的二维码,加入"金妞"QQ 群,获取最新的学习资源,与"金妞"一起快乐学习。

　　为工科教师提供的配套服务:

　　针对高校教学,"工课帮"为智能制造系列教材精心准备了"课件＋教案＋授课资源＋考试库＋题库＋教学辅助案例"系列教学资源。高校老师可联系大牛老师(QQ:289907659),获取教材配套资源,也可用 QQ 扫描下方的二维码,进入专为工科教师打造的师资服务平台,获取"工课帮"最新教师教学辅助资源。

EPLAN Electric P8 是一款基于数据库技术的软件。它可通过高度灵活的设计方法来避免数据的重复输入，实现工程时间的缩短和成本的极大降低。

EPLAN Electric P8 一直致力于使电气设计更加自动化。EPLAN Electric P8 突破性的创新能够帮助公司的其他专业部门有效利用电气设计生成的数据，从而实现软件功能和客户需求的理想融合。

长期以来，EPLAN Electric P8 凭借自身独特的技术优势，广泛应用在机械制造、化工、制药、交通等多个领域。它的主要优势表现在以下几个方面。

(1)宏变量技术。凭借强大的宏变量技术，EPLAN Electric P8 在帮助客户节省时间方面迈上了新的台阶。现在用户能够插入最多带 8 个图形变量的电路图(宏)，这些图形变量中包含预设的数据。例如，用户可插入电动机启动回路的宏，并选择包含原理图说明和相应工程数据的变量，以决定断路器、熔断器、过载保护器以及正/反向启动器等电气元件的容量。EPLAN Electric P8 会将变量中的所有预设数据应用到用户的设计当中。

(2)真正的多用户同时设计。不同的用户不仅能够同时对同一个项目进行设计工作，而且还能够实时查看其他用户所做的更改。这称得上是达到最佳工作状态的协同工程。

(3)标准转换。EPLAN Electric P8 帮助用户自动切换图纸上的电气符号和方位，将根据欧洲标准绘制的原理图轻松更改为符合北美标准的原理图，反之亦然。

(4)灵活的工程设计流程。EPLAN Electric P8 提供了极大的灵活性，用户可以按照自己习惯的流程来进行项目设计。无论用户是从单线图、BOM、安装板开始项目设计，还是从原理图开始项目设计，EPLAN Electric P8 都将无缝集成和交叉引用所有的项目数据，用户的设计流程将不会再受任何限制。

(5)总线拓扑表示。EPLAN Electric P8 帮助用户准确并有逻辑地表示任何总线拓扑连接的设备，并管理设备间的相互关系。

(6)与 Unicode 完全兼容。有了 EPLAN Electric P8，用户能够以任何语言提交原理图，从中文的接线图到俄文的材料清单，一切都可以自动进行翻译，使得用户与国际合作伙伴之间的协作更加容易。

(7)单线/多线图。EPLAN Electric P8 能够显示设备在单线和/或多线环境中的连接关系，并在切换和导航项目的同时管理导线的所有属性。

(8)智能零部件选择和管理。EPLAN Electric P8 通过电气功能的完整定义，提供智能零部件选择并减少差错。例如，用户可以根据元件的预定义逻辑电气特性和设计要求，选择具有正确连接点数的元件。

我们在学习和使用 EPLAN 的过程中，会遇到很多困难，具体如下。

(1)有用的学习资料获取困难。众所周知，EPLAN 在线帮助晦涩，互联网上技术资料很多，但基本上都介绍软件的菜单和一些表面上的功能，软件的帮助文档也与此类资料类似。鲜有资料能对电气设计过程提供切实的帮助。

(2)技术标准掌握困难。习惯按照老国标进行设计使得学习 EPLAN 变得更加困难。虽然现在电气方面的国标基本等同于 IEC 的技术标准,但是众多电气设计者和使用者对新国标的学习还有一个过程。不了解 EPLAN 对图纸和部件的定义,使用好 EPLAN 基本上不可能。

(3)EPLAN 专业术语掌握困难。习惯使用 CAD 绘制电气图纸的工程师,在遇到 EPLAN 各种不同的专业术语后无从下手,不知道这些术语和功能到底表达什么意思。如何正确地使用这些功能成为学好使用 EPLAN 的关键因素。

针对以上困难,编者觉得很有必要编写一本针对实际电气设计的入门手册来帮助那些希望了解 EPLAN 和在学习 EPLAN 过程中遇到困难的人们。

编写本书的宗旨如下。

(1)简单。尽量介绍必需的知识,让读者以最少的精力入门,通读全书后能绘制简单的图纸,尽快上手付诸实践。

(2)实例。手把手一步一步地教会读者画简单的图纸,通过一个项目实例入门掌握 EPLAN 的使用。

(3)讲解。只讲解基本应用中用到的知识,在项目实例中应用这些知识,用实例解释讲述的内容。

(4)标准知识和专业知识。在实践辅导的过程中,会对电气设计中用到的 IEC 规范、EMC 要求做简单的介绍,也会对一些常用的部件结合 EPLAN 的术语进行讲解。

(5)设计理念。EPLAN 是一款专业的电 CAE 软件,只有了解 EPLAN 的设计理念,才能够用正确的方法实现设计师的想法,并为以后的数字化生产做准备。

本书共 8 章,章节设置的线索是从零开始完成一整套典型图纸的设计。本书从设计需求开始,通过不同的章节完成设计要求,同时讲解 EPLAN 的设计理念,使读者不但可以完成基本的电气工程设计,也具备继续学习的方法和能力。

尽管编者主观上想努力使读者满意,但书中肯定有不尽如人意之处,热忱欢迎读者提出宝贵的意见和建议。

如有问题,请给我们发邮件(2360363974@qq.com)。

编　者
2020 年 8 月

第 1 章
电气制图基础

本章知识要点如下。

1. EPLAN 的功能优势。

2. 一套完整的工程电气图纸包括的内容。

3. 电气元器件的标准图形符号和文字符号。

◀ 1.1 EPLAN Electric P8 软件概述 ▶

1.1.1 EPLAN Electric P8 的作用

EPLAN Electric P8 是具有电气逻辑的 CAE 软件,是可面向图形和对象进行设计的电气绘图软件。

CAE 是指利用计算机对电气产品或工程设计、分析、仿真、制造和数据管理的过程进行辅助设计和管理。

1.1.2 EPLAN 的特点

1. 操作简单快速

EPLAN 具有基于窗口的图形用户界面(GUI),操作便捷和人性化,可以实现器件的自动连线,电缆、端子和器件的自动编号等,帮助用户快捷地生成设计文件。EPLAN 还有丰富的模板、符号库和器件库供用户选择,可提高制图效率。

2. 面向国际化应用

EPLAN 是一个面向国际化应用的软件工具,允许用户按照不同国家的标准和语言来设计同一个电气工程项目。EPLAN 支持所有原理图、符号和图表方面的主要标准(如 DIN、JIC),也支持不同的语言设置(如中文、日文和俄文),甚至可以根据用户的需要在同一个文件中出现不同的语言。

3. 无障碍沟通

在经济全球化背景下,国际工程合作越来越普遍。EPLAN 具备的无障碍沟通能力很好地解决了国际工程合作中的沟通难题。EPLAN 具有在线翻译功能,克服了工程设计过程中的语言障碍,并可以帮助国际交流。不论选择何种语言输入,译文都可以"在线"直接产生。语句识别和词组联想功能缩短了输入时间,并且通过使用标准术语,可以使工程文件更加容易被理解。

4. 高效的标准化工具

EPLAN 允许用户定义自己的标准,如符号、图表或对项目和主数据的组织。用户制定好出版或文件标准后,EPLAN 就可以按照用户预先制定的出版或文件标准输出电气工程文件,保证了整体的效率,项目规划的时间减少了,同时工作和文件的质量大大提高。

1.1.3 EPLAN 与传统 CAD 的性能比较分析

在早期电气工程设计和生产中,系统原理图的设计和绘制都是借助传统 CAD 这一辅助软件来实现的。传统 CAD 具有开放性、易于掌握、使用方便,广泛应用于各个工程领域。表 1-1 中列举了 EPLAN 与传统 CAD 在设计模式、绘图功能、智能化操作等诸多方面的性能比较。

表 1-1　EPLAN 与传统 CAD 比较

序　　号	性 能 特 点	EPLAN	传统 CAD
1	设计模式	工程设计	图纸设计
2	绘图功能	自主平台	CAD 平台

序　号	性能特点	EPLAN	传统 CAD
3	二次开发权限	API 接口开放式多种开发语言环境	CAD 受限开发
4	数据库	ISAM 研发	Access
5	大项目下软件运行速度	高速	较快
6	用户接口(GUI)	多语言	支持中英文
7	版本管理	专业级版本管理	需要由第三方软件实现
8	基本操作	鼠标拖拽＋键盘操作	打开菜单点击
9	打印	一键式	专用接口
10	符号修改与新建	简单加专业管理	较复杂
11	查看图纸	预览加导航	必须打开
12	格式转换存储	DWG/PDF 等 10 余种	DWG/PDF 等 10 余种
13	智能连线功能	自动	有
14	自动生成表单	可以	可以
15	双屏设计	支持	不支持
16	键盘快捷键设计	专业级	专业级
17	自动编号	可以	局部可以
18	协同工作	可以	不能
19	错误检测	专业级	无
20	检错后的措施	提供出错报告以及解决方案	无
21	导航和寻迹	PDF 具备导航和寻迹功能	无

由表 1-1 可以看出,在制图基本操作,如符号修改与新建、查看图纸、格式转换存储等方面,EPLAN 几乎具备了传统 CAD 的所有功能,并且在有些功能上更加简化。相比于传统 CAD,EPLAN 的智能化特色更加显著,如自动编号、协同工作、错误检测、寻迹和导航等功能,这些都是传统 CAD 无法做到的。

1.1.4　传统 CAD 在电气设计中存在的问题

传统 CAD 是主要针对机械产品的设计而开发的,因此在电气设计的应用中还存在一些具体问题。

(1)传统 CAD 中每一页原理图都单独储存在一个文件中,而电气系统原理图一般有上百张之多,因次占据的空间比较大,不易于管理。

(2)在电气设计中,同一个接触器或继电器的触点往往会出现在不同页的原理图中,由于在传统 CAD 中无法产生相互关联参考,所以使用传统 CAD,在原理图上容易产生线圈和触点的遗漏,触点的标注容易产生错误或重复,造成元件选型与设计不符。

(3)使用传统 CAD,对于电气线路中所有元件的连线,文本的标注都必须手动完成。

(4)元器件选型、材料清单生成、柜体盘面元件布置需要借助 Excel 或传统 CAD 手动完成,因此容易造成元器件型号漏选和尺寸错误。

1.1.5　EPLAN 的优势

（1）EPLAN 支持不同的电气标准，如 IEC、JIC、DIN 等，并有标准的符号库。

（2）电气元件之间自动连线，设备自动编号，可以节省时间。

（3）EPLAN 提供了标准模板，各种图表可以自动生成，如端子连接图、设备清单等。每条记录的详细属性都可以反映在图表中，一旦在原理图中做了修改，只需刷新表格即可更新最新数据，无须手动修改，保证了数据的准确性。

（4）主设备与其分散元件自动产生交互参考。例如接触器线圈和触点，在线圈的下方可以自动显示触点映像，表示触点的位置和数量，避免了相同触点的重复使用，同时在元件选型时方便选择与物理存在相一致的接触器，以免漏选接触器触点。

（5）EPLAN 具有快速选型功能，只需在 Excel 中一次列出所需元件清单，完成数据库的关联，然后在原理图就可以逐一选型，并通过 EPLAN 的标准模板生成元件清单，元件清单中包括器件的各类电气参数、外形尺寸、品牌等信息，并且元件清单可以根据不同的要求进行自动排序。

（6）完成了器件选型之后，即可进行面板布置，由于元件清单中已包括了元件的外形尺寸，所以根据所选的元件，EPLAN 自动生成 1∶1 的元件外形图，缩短了控制屏的布置时间。

（7）对于相类似的项目，只要修改一些相关的项目数据，如项目名称、项目编号、用户名称等，就可成为新项目的图纸，可以避免项目的重复修改。

思　考　题

对于电气制图，我们为什么选择学 EPLAN 软件？

◀ 1.2　电气工程图 ▶

1.2.1　概念

电气工程图用于阐述电气工程的构成和功能，描述电气装置的工作原理，提供安装、维护和使用信息。

一项电气工程的电气工程图通常装订成册，且包含以下内容。

（1）目录与前言。

（2）电气平面图。

（3）电气系统图和框图。

（4）设备布置图。

（5）电路图。

（6）接线图。

（7）产品使用说明书用电气图。

（8）其他电气图。

（9）设备元件和材料表。

1.2.2 各组成部分介绍

1. 目录与前言

目录:用于检索图纸,由序号、图纸名称、编号、张数等构成。

前言:包括设计说明、图例、设备材料明细表、工程经费概算等。

2. 电气平面图

电气平面图表示电气工程中电气设备、装置和线路的平面布置,一般在建筑平面图中绘制。

根据用途不同,电气平面图可分为供电线路平面图、变电所平面图、动力平面图、照明平面图、弱电系统平面图、防雷与接地平面图等。

3. 电气系统图和框图

电气系统图用于表示整个电气工程或电气工程中某一项目的供电方式和电能输送关系,也可表示某一装置各主要组成部分的关系。电气框图在本质上与电气系统图属于一种类型的图。电气框图可以理解为主要用方框符号表示的电气系统图。

4. 设备布置图

设备布置图主要表示各种电气设备和装置的布置形式、安装方式及相互位置之间的尺寸关系,常由平面图、立面图、断面图、剖面图等组成。这种图按三视图原理绘制,与一般的机械图没有大的区别。

5. 电路图

电路图主要表示系统或装置的电气工作原理,又称为电气原理图。

绘制原则:从上到下、从左到右。

6. 接线图

接线图主要用于表示电气装置内部各元件之间及其与外部其他装置之间的连接关系,便于制作、安装和维修人员接线和检查。接线图主要分为单元接线图、互连接线图、端子接线图和电线电缆配置图。

(1)单元接线图。

单元接线图是表示成套装置或设备中一个结构单元内各元件之间连接关系的一种接线图。这里的结构单元是指在各种情况下可独立运行的组件或某种组合体,如电动机、开关柜等。

(2)互连接线图。

互连接线图是表示成套装置或设备不同单元之间连接关系的一种接线图。

(3)端子接线图。

端子接线图表示成套装置或设备的端子以及端子上外部接线(必要时包括内部接线)的一种接线图。

(4)电线电缆配置图。

电线电缆配置图是表示电线电缆两端位置,必要时还包括电线电缆功能、特性和路径等信息的一种接线图。

7. 产品使用说明书用电气图

厂家在产品说明书中附上的电气图,供用户了解产品的组成和工作过程及注意事项用,以便用户正确使用、维护和检修产品。

8. 其他电气图

电气平面图、电气系统图、电路图、接线图是主要的电气工程图,但在一些较复杂的电气工程中,为了补充和详细说明某一局部工程,还需要使用一些特殊的电气图,如功能图、逻辑图、印制电路板电路图、曲线图等。

9. 设备元件和材料表

设备元件和材料表是根据电气工程所需要的主要设备、元件、材料和有关的数据列成的表格,包括名称、符号、型号、规格、数量等。这种表格主要用于说明图上符号所对应的元件的名称、作用、功能和有关数据等,应与图联系起来阅读。

思 考 题

1. 一般一项电气工程包括哪些图纸?

2. 电路由什么组成?

3. 如何在图纸中表达电气元器件的含义?

◀ 1.3 电气元器件的图形符号和文字符号 ▶

电气图是用图形符号和文字符号来阐述电气产品的工作原理,描述电气产品的构造和功能,并提供电气产品安装和使用方法的一种简图。它是电气设计工程师、电气施工工程师、电气维修工程师工作的共同语言。

1.3.1 图形符号的构成

在绘制电气图时,用在图样或其他文件中,表示一个设备或元器件的图形、标记或字符的符号称为电气图用图形符号。

电气图用图形符号通常由一般符号、符号要素、限定符号、框形符号和组合符号等组成。

1. 一般符号

它是用来表示一类产品和此类产品特征的一种通常很简单的符号。

2. 符号要素

它是一种具有确定意义的简单图形,不能单独使用。符号要素必须同其他图形组合后才能构成一个设备或概念的完整符号。

3. 限定符号

它是用以提供附加信息的一种加在其他符号上的符号。通常它不能单独使用。有时一般符号也可用作限定符号,如电容器的一般符号加到扬声器符号上即构成电容式扬声器符号。

4. 框形符号

它是用来表示元件、设备等的组合及其功能的一种简单图形符号,既不给出元件、设备的细节,也不考虑所有连接,通常使用在单线表示法中,也可用在全部输入和输出接线的图中。

5. 组合符号

它是指通过将以上已规定的符号进行适当组合所派生出来的、表示某些特定装置或概念的符号。

国家标准《电气图用图形符号》的编号为 GB/T 4728,是在国际电工委员会(IEC)标准的基础上制定的,在国际上具有通用性,有利于进行对外技术交流。表 1-2 所示是摘自该国家标准的电气图常用图形符号。

表 1-2　电气图常用图形符号

序号	图形符号	说　　明	序号	图形符号	说　　明
1		直流电,电压可标注在符号的右边,系统类型可标注在符号的左边	11		位置开关,动断触点限制开关,动断触点
2		交流电,频率或频率范围可标注在符号的左边	12		多极开关的一般符号,单线表示
3		导线的连接	13		多极开关的一般符号,多线表示
4		导线跨越而不连接	14		断路器(自动开关)的动合(常开)触点
5		动合(常开)触点	15		接触器动合(常开)触点
6		动断(常闭)触点	16		继电器、接触器等的线圈一般符号
7		延时闭合的动合(常开)触点带时限的继电器和接触器触点	17		交流接触器触点
8		延时断开的动合(常开)触点	18		电机保护开关
9		延时闭合的动断(常闭)触点	19		热继电器
10		延时断开的动断(常闭)触点	20		端子板

序号	图形符号	说　明	序号	图形符号	说　明
21		手动开关的一般符号	24		开关的一般符号
22		按钮开关	25		钥匙开关
23		位置开关,动合触点 限制开关,动合触点	26		按钮盒

1.3.2　电气技术中的文字符号

一个电气系统或一种电气设备通常都由各种基本元器件、部件、组件等组成,为了在电气图上或其他技术文件中表示这些基本元器件、部件、组件等,除了采用各种图形符号外,还需要标注一些文字符号,以区别这些设备及线路不同的功能、状态和特征等。

文字符号通常由基本文字符号、辅助文字符号和数字序号组成。

1. 基本文字符号

基本文字符号可分为单字母符号和双字母符号两种。

(1)单字母符号。

用拉丁字母将各种电气设备、装置和元器件划分为 23 大类,每一大类用一个专用字母符号表示,如"R"表示电阻类、"Q"表示电力电路的开关器件等。电气技术中的单字母符号如表 1-3 所示。其中:"I"和"O"易分别同阿拉伯数字"1"和"0"混淆,不允许使用;"J"也未采用。

表 1-3　电气技术中的单字母符号

符　　号	项目种类	举　　例
A	组件 部件	分立元件放大器,磁放大器,激光器,微波激射器,印制电路板,本表未提及的组件、部件
B	变换器(从非电量到电量或相反)	热电式传感器、热电偶
C	电容器	—
D	二进制单元 延迟器件 存储器件	数字集成电路和器件、延迟线、双稳态元件、单稳态元件、磁芯储存器、寄存器、磁带记录机、盘式记录机
E	杂项	光器件、热器件、本表其他地方未提及的元件
F	保护器件	熔断器、过电压放电器件、避雷器

符 号	项目种类	举 例
G	发电机 电源	旋转发电机、旋转变频机、电池、振荡器、石英晶体振荡器
H	信号器件	光指示器、声指示器
K	继电器、接触器	—
L	电感器 电抗器	感应线圈、线路陷波器、电抗器（并联和串联）
M	电动机	
N	模拟集成电路	运算放大器、模拟/数字混合器件
P	测量设备 试验设备	测量设备、信号发生器、时钟
Q	电力电路的开关	断路器、隔离开关
R	电阻器	可变电阻器、电位器、变阻器、分流器、热敏电阻
S	控制电路的开关 选择器	控制开关、按钮、限位开关、选择开关、选择器、拨号接触器、连接器
T	变压器	电压互感器、电流互感器
U	调制器 变换器	鉴频器、解调器、变频器、编码器、逆变器、交流器、电报译码器
V	电真空器件 半导体器件	电子管、气体放电管、晶体管、晶闸管、二极管
W	传输通道 波导、天线	导线、电缆、母线、波导、波导定向耦合器、偶极天线、抛物面天线
X	端子 插头 插座	插头和插座、测试塞孔、端子板、焊接端子片、连接片、电缆封端和接头
Y	电气操作的机械装置	制动器、离合器、气阀
Z	终端设备 混合变压器 滤波器 均衡器 限幅器	电缆平衡网络、压缩扩展器、晶体滤波器、网络

（2）双字母符号。

双字母符号由表 1-3 中的一个表示种类的单字母符号与另一个字母组成，组合形式为单字母符号在前、另一个字母在后。双字母符号可以较详细和更具体地表达电气设备、装置和元器件的名称。

电气技术中常用的双字母符号如表 1-4 所示。

表 1-4　电气技术中常用的双字母符号

序　号	电气设备、装置和元器件种类	名　称	单字母符号	双子母符号
1	组件和部件	天线放大器	A	AA
		控制屏		AC
		晶体管放大器		AD
		应急配电箱		AE
		电子管放大器		AV
		磁放大器		AM
		印制电路板		AP
		仪表柜		AS
		稳压器		AS
2	非电量到电量变换器或电量到非电量变换器	压力变换器	B	BP
		位置变换其		BQ
		速度变换器		BV
		旋转变换器(测速发电机)		BR
		温度变换器		BT
3	电容器	电力电容器	C	CP
4	其他元器件	发热器件	E	EH
		发光器件		EL
		空气调节器		EV
5	保护器件	避雷器	F	FL
		放电器		FD
		具有瞬时动作的限流保护器件		FA
		具有延时动作的限流保护器件		FR
		具有瞬时和延时动作的限流保护器件	F	FS
		熔断器		FU
		限压保护器件		FV

序　　号	电气设备、装置和元器件种类	名　　　称	单字母符号	双子母符号
6	信号发生器 发电机电源	同步发电机	G	GS
		异步发电机		GA
		蓄电池		GB
		直流发电机		GD
		交流发电机		GA
		永磁发电机		GM
		水轮发电机		GH
		汽轮发电机		GT
		风力发电机		GW
		信号发生器		GS
7	信号器件	声响指示器	H	HA
		光指示器		HL
		指示灯		HL
		蜂鸣器		HZ
		电铃		HE
8	继电器和接触器	电压继电器	K	KV
		电流继电器		KA
		时间继电器		KT
		频率继电器		KF
		压力继电器		KP
		控制继电器		KC
		信号继电器		KS
		接地继电器		KE
		接触器		KM
9	电感器和电抗器	扼流线圈	L	LC
		励磁线圈		LE
		消弧线圈		LP
		陷波器		LT
10	电动机	直流电动机	M	MD
		力矩电动机		MT
		交流电动机		MA
		同步电动机		MS
		绕线转子异步电动机		MM
		伺服电动机		MV

序 号	电气设备、装置和元器件种类	名 称	单字母符号	双子母符号
11	测量设备和试验设备	电流表	P	PA
		电压表		PV
		(脉冲)计数器		PC
		频率表		PF
		电能表		PJ
		温度计		PH
		电钟		PT
		功率表		PW
12	电力电路的开关器件	断路器	Q	QF
		隔离开关		QS
		负荷开关		QL
		自动开关		QA
		转换开关		QC
		刀开关		QK
		转换(组合)开关		QT
13	电阻器	附加电阻器	R	RA
		制动电阻器		RB
		频敏变阻器		RF
		压敏电阻器		RV
		热敏电阻器		RT
		启动电阻器(分流器)		RS
		光敏电阻器		RL
		电位器		RP
14	控制电路的开关选择器	控制开关	S	SA
		选择开关		SA
		按钮开关		SB
		终点开关		SE
		限位开关		SL
		微动开关		SS
		接近开关		SP
		行程开关		ST
		压力传感器		SP
		温度传感器		ST
		位置传感器		SQ
		电压表转换开关		SV

序 号	电气设备、装置和元器件种类	名 称	单字母符号	双字母符号
15	变压器	自耦变压器	T	TA
		电流互感器		TA
		控制电路电源用变压器		TC
		电炉变压器		TF
		电压互感器	T	TV
		电力变压器		TM
		整流变压器		TR
16	调制变换器	解调器	U	UD
		频率变换器		UF
		逆变器		UV
		调制器		UM
		混频器		UM
17	电子管、晶体管	控制电路用电源的整流器	V	VC
		二极管		VD
		电子管		VE
		发光二极管		VL
		光敏二极管		VP
		晶体管		VR
		晶体三极管		VT
		稳压二极管		VV
18	传输通道、波导和天线	电枢绕组	W	WA
		定子绕组		WC
		转子绕组		WE
		励磁绕组		WR
		控制绕组		WS
19	端子、插头、插座	输出口	X	XA
		连接片		XB
		分支器		XC
		插头		XP
		插座		XS
		端子板		XT

续表

序号	电气设备、装置和元器件种类	名称	单字母符号	双子母符号
20	电器操作的机械器件	电磁铁	Y	YA
		电磁制动器		YB
		电磁离合器		YC
		防火阀		YF
		电磁吸盘		YH
		电动阀		YM
		电磁阀		YV
		牵引电磁铁		YT
21	终端设备、滤波器、均衡器、限幅器	衰减器	Z	ZA
		定向耦合器		ZD
		滤波器		ZF
		终端负载		ZL
		均衡器	Z	ZQ
		分配器		ZS

2. 辅助文字符号

辅助文字符号是用来表示电气设备、装置和元器件以及线路的功能、状态和特征的,如"ACC"表示加速、"BRK"表示制动等。辅助文字符号也可以放在表示种类的单字母符号后边组成双字母符号,如"SP"表示压力传感器。当辅助文字符号由两个以上字母组成时,为了简化文字符号,只允许采用第一位字母进行组合,如"MS"表示同步电动机。辅助文字符号还可以单独使用,如"OFF"表示断开、"DC"表示直流等。辅助文字符号一般不能超过三位字母。

3. 文字符号的组合

文字符号的组合形式一般为:基本文字符号＋辅助文字符号＋数字序号。

例如,第一个接触器的文字符号为 KM1。

4. 特殊用途文字符号

在电气图中,一些特殊用途的接线端子、导线等通常采用专用的文字符号。例如,三相交流系统电源分别用"L1""L2""L3"表示,三相交流系统的设备分别用"U""V""W"表示。

课后练习

1. 断路器的图形符号和文字符号是怎样的?

2. 交流接触器的图形符号和文字符号是怎样的?

3. 中间继电器的图形符号和文字符号是怎样的?

4. 三相交流异步电机的图形符号和文字符号是怎样的?

5. 按钮开关的图形符号和文字符号是怎样的?

6. 指示灯的图形符号和文字符号是怎样的?

7. 试手动绘制三相异步电机正反转电路图。

第 2 章
认识 EPLAN 软件

本章知识要点如下。

1. EPLAN 界面中各按键的功能。

2. 创建新项目或打开已有的项目。

3. 分类创建页(图纸)。

4. 在页(图纸)中插入符号。

5. 在页(图纸)中绘制一个简单的电路。

◀ 2.1 EPLAN 界面介绍 ▶

首次启动 EPLAN 后即调用预设置的 EPLAN 界面(见图 2-1)。除了其他界面元素外,在 EPLAN 界面主窗口的左侧会看到页导航器。首次启动 EPLAN 时,该窗口是空白的。带有背景图形的右侧区域将用作打开各页的工作区域。

图 2-1　EPLAN 界面

图 2-1 所示的 EPLAN 界面由以下四个部分组成。

2.1.1　功能按钮

(1)"项目"功能下拉菜单中包含管理、多用户监控、工作区、部分项目、新建、打开、关闭、复制、删除、重命名、以电子邮件形式发送、发布、打包、解包、备份、恢复、组织、属性、打印、打印附带文档、退出。

重点关注:新建项目、打开项目、备份项目及恢复项目。

(2)"页"功能下拉菜单中包含导航器、新建、打开、关闭、复制从/到、重命名、注释导航器、页宏、导入、导出、编号及根据属性的页数/页名。

重点关注:页导入功能及页导出功能。

(3)"布局空间"功能下拉菜单中包含导航器、新建、打开、关闭、导入(3D 图形)、导出及结构空间。

(4)"编辑"功能下拉菜单中包含列表撤销、撤销、恢复、列表恢复、剪切、复制、粘贴、删除、删除放置、复制格式、指定格式、其他、表格式、功能无关的属性及属性。

主要用途:在绘图的过程中出现问题时,利用上述的编辑功能选项处理。

(5)"视图"功能下拉菜单中包含工作簿、图形预览及工作区域。

作用:如果不小心关掉了某个工具栏或者导航器,则可以通过在"视图"功能下拉菜单中单击"工作区域"选项,然后在弹出的"工作区域"对话框中将"配置"设置为"默认",如图 2-2 所示,最后单击"确定"按钮,重新打开该工具栏或导航器。

(6)"项目数据"功能下拉菜单中包含预规划、结构标识符管理、设备、端子排、插头、PLC、电缆、拓扑、连接、设备/部件、项目选项、宏、占位符对象、消息及符号。

图 2-2 恢复界面默认设置

主要用途：在绘图的过程中选择插入部件。

（7）"查找"功能下拉菜单中包含查找、显示结果、插入到结果列表中、上一个词条、下一个词条、转到及同步选择。

主要用途：在图纸中查找部件或符号。

（8）"选项"功能下拉菜单中包含属性（全局）、外部程序、层管理、配置属性及设置。

（9）"工具"功能下拉菜单中包含报表、制造数据、从外部编辑属性、自动编辑、AutomationML、更新路径号、同步、Jobverwaltung、标准转换、修订管理、部件、Data Portal、主数据、生成宏、生成钻孔排列样式/轮廓线、翻译、OPC UA、权限管理、插件、API 插件、脚本及系统信息。

主要用途：部件生成管理以及报表生成更新。

关闭和显示工具栏

在 EPLAN 中有用于各种程序领域的大量预定义工具栏。为了避免将 EPLAN 的用户界面不必要地缩小，可隐藏不需要的工具栏。显示和关闭具体操作如下。

（1）用鼠标右键单击菜单栏或工具栏中的空白区域，弹出快捷菜单，显示全部的可用工具栏，如图 2-3 所示，单击所需工具栏，通过一置前小钩标识所显示的工具栏。

图 2-3 快捷菜单

例如,选择"导航器"工具栏,并单击工具栏名称,EPLAN 关闭弹出的快捷菜单并显示该工具栏。

(2)重复该过程,隐藏其他工具栏。

若要显示被隐藏的工具栏,则需要重新调用快捷菜单,并单击已隐藏工具栏的名称,如"符号"。

(10)"帮助"功能下拉菜单中包含内容、EPLAN 提示、创建 EPLAN 疑问、EPLAN Download Manager、面向用户的优化程序及关于。

主要用途:对于在学习过程中遇到疑问可提供部分答案。

2.1.2 页导航器

页导航器如图 2-4 所示。它是 EPLAN 显示所有已打开项目的页面的一个窗口。

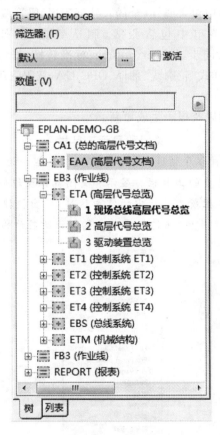

图 2-4 页导航器

页导航器有两种显示类型可供选择:一是在树结构视图中,根据页类型和标识(如工厂代号、安装位置等)以等级排列方式显示页;二是在列表视图中以表格的形式显示页。单击相应的标签,可在两个显示类型之间进行切换。在页导航器中可编辑一个项目的页,如复制页、删除页或更改页属性,不能同时编辑不同项目的多个页。

2.1.3 绘图工具栏

绘图工具栏如图 2-5 所示。电气设计者利用绘图工具栏中的工具绘制图纸。

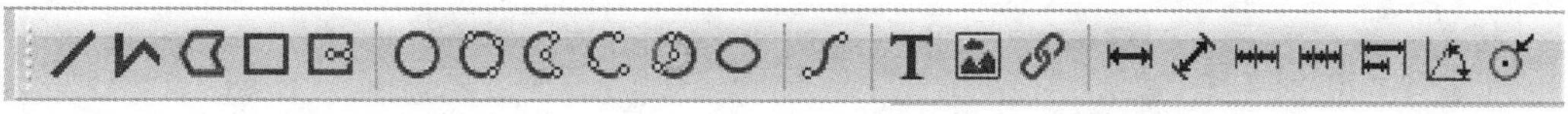

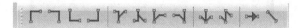

图 2-5　绘图工具栏

2.1.4　连接工具栏

连接工具栏如图 2-6 所示。电气设计者可以利用连接工具栏中的工具手动连接各元器件。

图 2-6　连接工具栏

思　考　题

在初步进入 EPLAN 界面时,我们要重点掌握哪些功能键的具体含义?

◀ 2.2　创建新项目和打开已有项目 ▶

在 EPLAN 中,整个设计以项目作为主导向,那么我们应该如何创建新项目或打开已有项目呢?

2.2.1　创建新项目

1. 新项目创建步骤

(1)在 EPLAN 界面"项目"功能下拉菜单中单击"新建"选项,如图 2-7 所示。

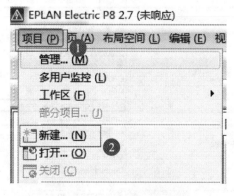

图 2-7　新项目创建第一步

(2)在弹出的"创建项目"对话框中设置新项目的名称,通过"保存位置"下方文本框右侧的"…"按钮选择保存的位置,然后通过"模板"下方文本框右侧的"…"按钮选择相应的模板,如图 2-8 所示。

(3)根据使用自己的实际情况,可以在弹出的对话框(见图 2-9)中修改公司名称、公司地址、创建者(即设计者)名称等,初学者可以不做任何修改,直接单击"确定"按钮,新项目建建完毕,如图 2-10 所示。

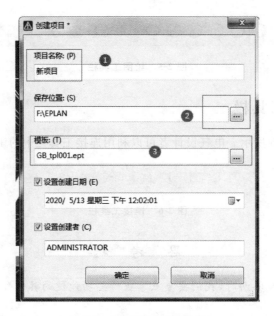

图 2-8　新项目创建第二步

图 2-9　新项目创建第三步

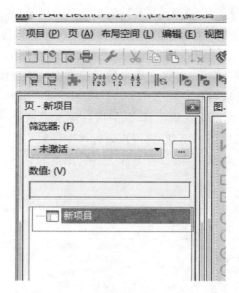

图 2-10 新建项目效果图

2. 关于模板的选择

在 EPLAN 中,原理图、列表等是以项目的形式进行管理的,一般按照前面介绍的项目结构标识来组织对象、页、设备和功能。

建立一个新项目时,始终需要一个模板,EPLAN 有 3 种文件格式的模板,分别是后缀名为"ept"的项目模板、后缀名为"zw9"的基本项目和后缀名为"epb"的项目模板。

后缀名为"ept"的项目模板如图 2-11 所示。该项目模板又细分为以下 5 个。

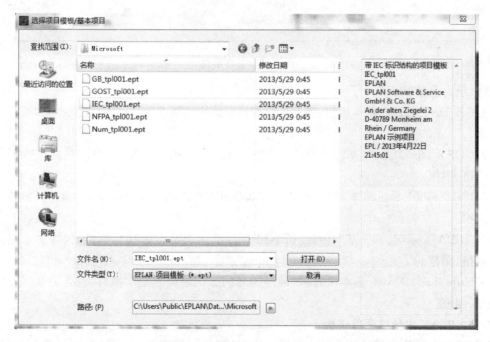

图 2-11 后缀名为"ept"的项目模板

(1)GB_tpl001.ept 项目模板:带 GB 标准(中国国家标准)标识结构的项目模板。

(2)GOST_tpl001.ept 项目模板:带 GOST 标准(俄罗斯电气标准)标识结构的项目模板。

（3）IEC_tpl001.ept 项目模板：带 IEC（国际电工委员会标准）标识结构的项目模板。

（4）NFPA_tpl001.ept 项目模板：带 NFPA 标准（美国消防协会标准）标识结构的项目模板。

（5）Num_tpl001.ept 项目模板：带顺序编号的标识结构的项目模板。

3. 通过基本项目创建新项目

EPLAN 支持通过项目模板建立新项目，新的项目继承了相关标准的标识结构。如果希望在模板中保存更多供新项目使用的信息，则可以通过基本项目（见图 2-12）建立新项目。通过基本项目建立的新项目包含主数据内容，如符号库、表格、图框等。

图 2-12　基本项目

基本项目包括以下 5 个。

（1）GB_bas001.zw9 基本项目：带 GB 标准标识结构的基本项目，包含主数据，如符号库、表格、图框。

（2）GOST_bas001.zw9 基本项目：带 GOST 标准标识结构的基本项目，包含主数据，如符号库、表格、图框。

（3）IEC_bas001.zw9 基本项目：带 IEC 标准标识结构的基本项目，包含主数据，如符号库、表格、图框。

（4）NFPA_bas001.zw9 基本项目：带 NFPA 标准标识结构的基本项目，包含主数据，如符号库、表格、图框。

（5）Num_bas001.zw9 基本项目：带顺序编号的标识结构的基本项目，包含主数据，如符号库、表格、图框。

4. 在 EPLAN 中创建项目模板

项目模板是可从中创建新项目的模板。EPLAN 支持后缀名为"ept"的项目模板和后缀名为"epb"的项目模板。

两者的区别是 *.ept 文件可从 *.epb 文件中创建新项目并将 EPLAN 项目保存为.ept 文件，而 *.epb 文件只可从 *.epb 文件中创建新项目。

5. 项目模板和基本项目包含的内容

(1) 项目模板包含的内容。

项目模板包含的内容如下。

① 所有项目设置。项目设置是在"选项">"设置">"项目">"项目名称"下的设置。为此，还包含页结构和设备结构的配置。

② 所有项目数据：项目数据，如未放置在页上和放置在页上的设备的数据。

③ 所有页：将位于项目模板中的所有页导入。

(2) 基本项目包含的内容。

基本项目包含的内容如下。

① 所有项目设置：同项目模板。

② 所有项目数据：同项目模板。

③ 所有页：同项目模板。

④ 主数据：存储在项目中的主数据，如表格和符号。

⑤ 存储的外部文档和图片文件。

⑥ 参考数据。

> 说明：
> (1) 可以使用项目模板和基本项目创建新项目。
> (2) EPLAN 项目中的图片（如公司 LOGO）是不会保存在项目模板中的，如果有标准化的表格符号和图片，则建议使用 EPLAN 基本项目创建新项目。

2.2.2 打开已有项目

(1) 在 EPLAN 界面"项目"功能下拉菜单中单击"打开"选项，如图 2-13 所示。

(2) 在弹出的对话框中，先选择要打开的已有项目，然后单击"打开"按钮，如图 2-14 所示，即可打开已完成的项目。

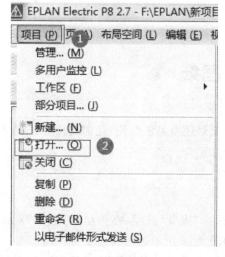

图 2-13　打开已有项目第一步

图 2-14　选择要打开的项目

打开已有项目的效果图如图 2-15 所示。

图 2-15　打开已有项目的效果图

思　考　题

新建项目与打开已有项目的工作界面有什么区别？

◀ 2.3　创建页（图纸）▶

在上节中，我们讲到如何创建新的项目，创建好的项目还没办法绘图，还需要由图纸界面来支撑，也就是说还需要创建图纸，也即创建页。

2.3.1　第一步操作

单击"选项"功能按钮，在"选项"功能下拉菜单中选择"设置"选项，在弹出的"设置"对话框中选中"项目"下的"管理"，然后选中"管理"下的页，如图 2-16 所示。

在图 2-16 中要注意两点：第一，对于图框的设置，初学者可以考虑默认图框；第二，对于页类型的栅格设置，在一般情况下，可以按照默认值设置。

EPLAN 为用户提供了标准的图纸页面，也提供了按用户要求定制图纸的方法。在此以EPLAN 制作的标准页面 FN1_001.fnl 为例做简单介绍。

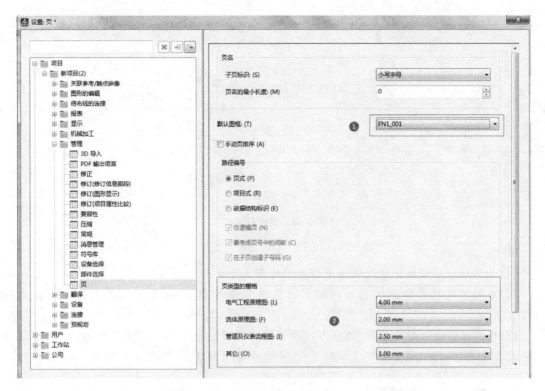

图 2-16　创建页第一步

FN1_001.fnl 的页面是按 A3 的幅面进行定制的,图纸框 X 方向 420 mm,Y 方向 297 m,本图纸一共在 X 方向划分为 10 列,每列的宽度为 42 mm。中断点链接和映射的位置都是由这些列在图纸区域中划分出来的,如图 2-17 所示,图框上方的数字用于标识不同的列区域。

0	1	2	3

图 2-17　页的列定义

图纸的列宽是可以设置的,即可以根据用户的实际情况或者企业标准,对列宽进行等长或不同长度的定制。

EPLAN 也提供"行"的划分,且可以定义不同的行高度,并支持行位置的引用以及行列位置的同时引用,如图 2-18 所示。

EPLAN 每页的图框都不是在当页绘制的,而是通过调用主数据中的图框文件并叠加显示到图纸文件中,这也是在绘图页双击图框的元素不会有任何反应的原因。

可以在项属性对话框中对图框文件进行选择,图框中的文本修改会在后续课程中讲解。

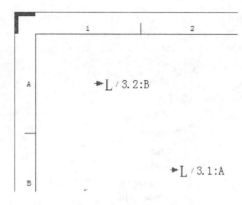

图 2-18　页的行定义

说明：

(1)在项属性对话框中修改的图框信息只对本页有效。

(2)自动生成的页会根据预设的配置图框覆盖当前的图框，即通过修改配置文件更换图框。

(3)项目文件图框的选择在"选项"＞"设置"＞"项目"＞"管理"＞"页"中"默认"文本框的图框文件中进行，用于配置全部项目的图框，修改后再次新建页，将使用新的图框文件。

2.3.2　第二步操作

单击"页"功能按钮，在"页"功能下拉菜单中选择"新建"选项。

在此要说明一点：为使系统的设计、制造、维修或运营高效率地进行，往往将系统及其信息分解成若干部分，每一部分又可进一步细分。这种连续分解成的部分和这些部分的组合就称为结构，在 EPLAN 中，就是指项目结构(project structure)。

电气设计标准《工业系统、装置与设备以及工业产品　结构原则与参照代号　第 1 部分：基本规则》(GB/T 5094.1—2018)专门对项目结构进行了详细解释。该标准认为，研究一个系统主要从以下三个方面进行。

(1)功能面结构(这个系统是做什么用的，对应 EPLAN 中的高层代号，带前缀符号"＝"，高层代号一般用于功能上的区分)。

(2)位置面结构(这个系统位于何处，对应 EPLAN 中的位置代号，带前缀符号"＋"，位置代号一般用于设置元件的安装位置)。

(3)产品面结构(这个系统是如何构成的，对应 EPLAN 中的部件代号，带前缀符号"－"，设备标识表明该元件属于哪一个类别，是保护器件还是信号器件或执行器件)。

完整的项目结构代号包括 4 个相关信息的代号段。每个代号段都用特定的前缀符号加以区别，如表 2-1 所示。

表 2-1　完整项目结构代号的组成

代　号　段	名　　称	定　　义	前缀符号	示　　例
第 1 段	高层代号	系统或设备中任何较高层次(对给予代号的项目而言)项目的代号	＝	＝S2

续表

代　号　段	名　　称	定　　义	前级符号	示　　例
第 2 段	位置代号	项目在组件、设备、系统或建筑物中实际位置的代号	＋	＋C15
第 3 段	部件代号	主要用以识别部件种类的代号	－	—G6
第 4 段	端子代号	用以外电路进行电气连接的电器的导电件的代号	:	:11

　　一个完整的系统或成套设备中任何较高层次项目的代号,称为高层代号。例如,S1 系统中的开关 Q2,可表示为"＝S1－Q2",其中"S1"为高层代号。

　　X 系统中的第 2 个子系统中的第 3 个电动机,可表示为"＝X2－M3"。

　　项目有复杂程度的差异,合理地设置项目结构,既有利于管理,又有利于看图、找元器件。

　　例如在高度自动化的汽车生产线,同一个项目中包含几百页甚至上千页的原理图,有不同的工序段,每个工序段有多个控制柜,如果把工序段作为高层代号,把控制柜作为位置代号,如图 2-19 所示,那么只要看到完整的设备标识,如"＝PT＋CA－K1",就能判断出它属于哪个工序段、哪个控制柜了。

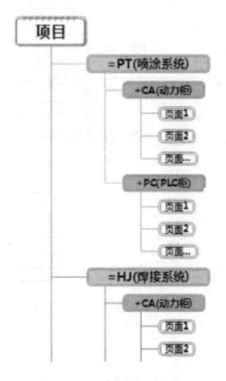

图 2-19　项目结构示例

2.3.3　第三步操作

　　(1)页名称设置:EPLAN 页名称默认是数字和字母的形式,也支持文本和中文的形式,一般用数字命名页,如图 2-20 所示的数字"1"。

(2)页描述设置：页的描述信息是指描述本页图纸的文字信息，如图 2-20 所示，一般该描述信息还会出现在图框栏。

图 2-20　页名称和页描述设置

(3)页结构设置如图 2-21 所示，图框选择如图 2-22 所示。

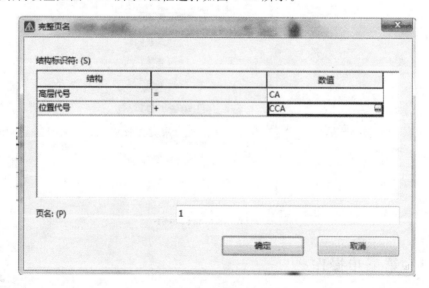

图 2-21　页结构设置

至此页设置完毕，效果如图 2-23 所示。

图 2-22　页图框选择

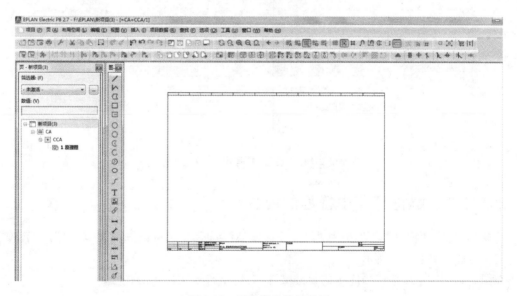

图 2-23　页设置完毕效果图

思　考　题

1. 简述创建页的步骤。

2. 在创建页的过程中要注意哪些细节？

◀ 2.4 在图纸中插入符号 ▶

在上节中,我们讲述了如何创建页(图纸),创建好页(图纸)后,我们如何将电气设备或元器件的符号应用到图纸上呢?

2.4.1 符号库设置

EPLAN 是专业的电气设计软件,为用户提供了标准的 GB 符号库、IEC 符号库、GOST 符号库、NFPA 符号库等符号库,每种符号库又分多线符号库和单线符号库。经常使用的符号库是用于多线原理图的多线符号库。可通过选择"选项">"设置">"项目">项目名称>"管理">"符号库"菜单项对项目使用的基本符号库进行设置,如图 2-24 所示。单击"取消"按钮,可退出"设置:符号库"对话框。

图 2-24 "设置:符号库"对话框

2.4.2 了解符号库中符号的内容

选择"插入">"符号"菜单项,弹出"符号选择"对话框,此时可以选择在"项目">"管理"中指定的符号库,如图 2-25 所示。

在图 2-25 中,左边是符号库中的符号文件,右边是符号文件中的符号。

2.4.3 选择符号(以 GB_symbol 为例)

选择"GB_symbol">"电气工程">"端子和插头",单击右侧"符号清单"左上第一个符号,左下侧说明区出现了所选中符号的描述说明,如"端子,带一个连接点,无鞍型跳线连接点",如图2-26所示。

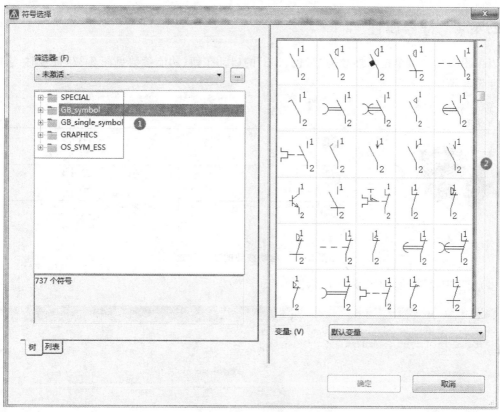

图 2-25　符号库

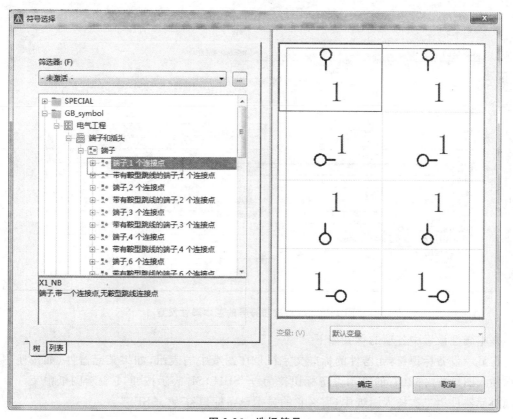

图 2-26　选择符号

2.4.4 符号属性

当在图中插入一个技术参数为"绿色、φ23"的启动按钮(功能参数见图 2-27)符号时,它的符号属性设置操作如下。

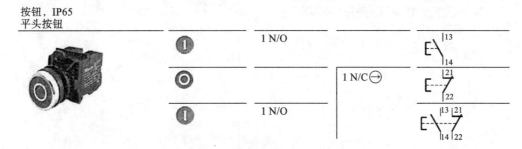

图 2-27 启动按钮的功能参数

(1)设置基本属性,如图 2-28 所示。

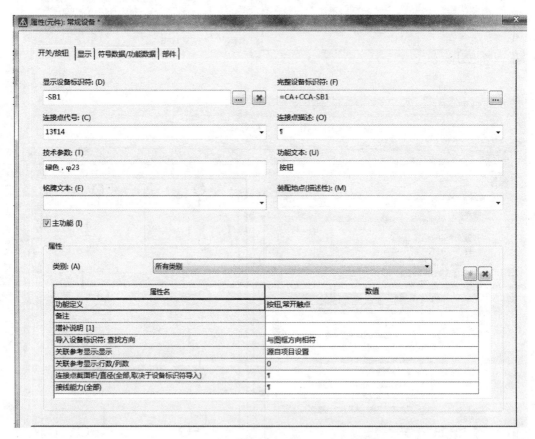

图 2-28 启动按钮符号的基本属性设置

基本属性设置中各项的含义如下。

①显示设备标识符:元器件的标准文字符号在图纸中的表示,如果某元器件(如按钮)是第一次插入图纸中,那么它的显示设备标识符为"－SB1",SB 表示按钮,1 表示图纸中第一个,如果同类元器件第二次插入图纸中,那么它的显示设备标识符为"－SB2"。

说明：

显示设备标识符后面的数字标识可以按照公司要求的方式编写。

②连接点代号：以项目实际接线为准。例如上述按钮案例，该按钮只有一组常开触点，该接线端子为13、14，那么，该连接点代号为"13¶14"。

说明：

本处的连接点代号与项目实际接线点一致，所以电气设计者在绘图之前应非常熟悉所插入的元器件。

③连接点描述：元器件对接线点的说明描述。

④技术参数：元器件的技术参数。例如，上述按钮的技术参数有绿色、开孔尺寸是φ23 mm，那么"技术参数"栏填写"绿色，φ23"。

⑤功能文本：元器件的功能描述。该处填写"按钮"。

⑥铭牌文本：元器件的铭牌信息描述。

⑦装配地点（描述性）：表明元器件安装在哪里，一般根据项目具体要求进行描述。

（2）设置显示属性，如图 2-29 所示。

在"显示"标签页中可以做以下两方面的设置：第一，在"显示"标签页的左边部分选择要显示该元件基本属性中的哪些内容；第二，在"显示"标签页的右边部分可以对每个单项进行参数设置。

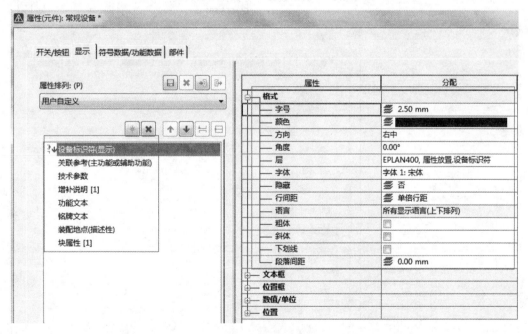

图 2-29 启动按钮符号的显示属性设置

（3）设置符号数据/功能数据属性。

在该标签页中可以选择元器件图形符号显示的方式。启动按钮符号显示的方式有 8 种，如图 2-30 至图 2-37 所示。

（4）设置部件属性。

设置部件属性，就是为所插入元件符号在 EPLAN 库文件中找到部件参数。启动按钮符号部件属性设置如图 2-38 所示，启动按钮符号部件参数如图 2-39 所示。

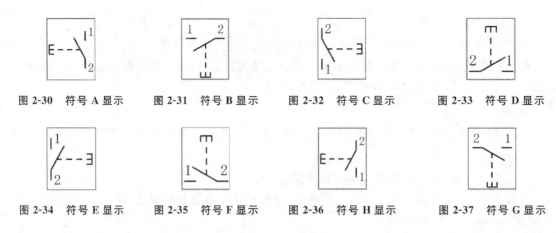

图 2-30 符号 A 显示　　图 2-31 符号 B 显示　　图 2-32 符号 C 显示　　图 2-33 符号 D 显示

图 2-34 符号 E 显示　　图 2-35 符号 F 显示　　图 2-36 符号 H 显示　　图 2-37 符号 G 显示

图 2-38　启动按钮符号部件属性设置

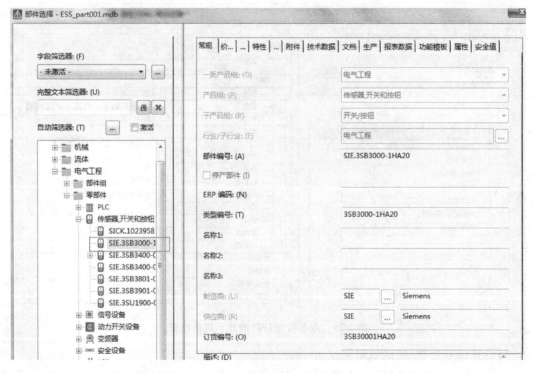

图 2-39　启动按钮符号部件参数

至此,电气元件启动按钮的符号成功插入图纸中,效果如图 2-40 所示。

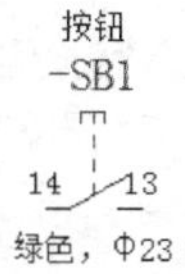

按钮
-SB1

14 | 13

绿色，Φ23

图 2-40 启动按钮符号插入图纸中的效果

思 考 题

1.如何在页中插入符号？

2.在页中插入符号要注意哪些细节？

◀ 2.5 绘制三相异步电机正反转电路 ▶

在前文中我们介绍了如何创建项目、如何创建页、如何插入符号,在本节中我们将按照前文讲述的内容绘制一个简单的基本电路——三相异步电机正反转电路。具体操作步骤如下。

(1)创建三相异步电机正反转项目,如图 2-41 所示。

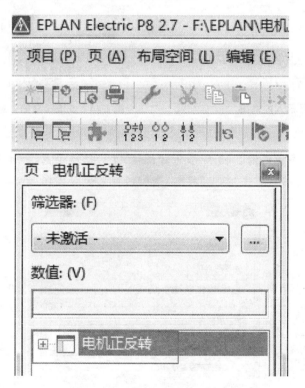

图 2-41 创建三相异步电机正反转项目

(2)创建原理图页,如图 2-42 所示。

(3)插入主要元器件断路器的符号,如图 2-43 所示。

(4)插入主要元器件交流接触器主触头的符号,如图 2-44 所示。

(5)复制 2 个交流接触器主触头的符号。

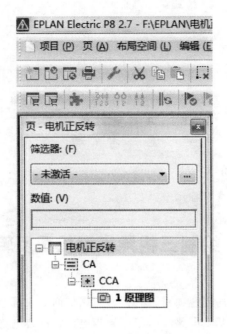

图 2-42　创建原理图页

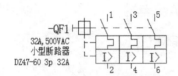

图 2-43　断路器符号插入效果图

图 2-44　交流接触器主触头符号插入效果图

注意：

在复制的过程中会出现图 2-45 所示的对话框,在对话框中选择"编号","编号格式"选择"标识字母＋计数器",然后单击"确定"按钮,复制的结果如图 2-46 所示。

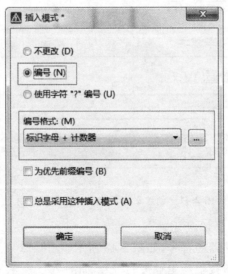

图 2-45　器件复制时出现的对话框

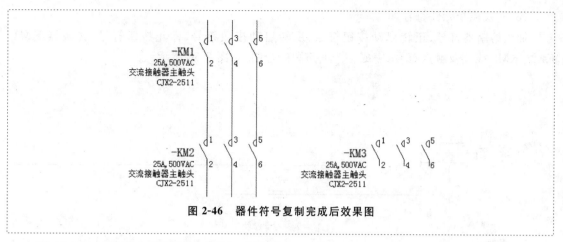

图 2-46　器件符号复制完成后效果图

（6）插入三相异步电机符号，如图 2-47 所示。

（7）利用连接工具连接主回路。

如果不小心关闭了连接符号窗口，则可以通过"视图"功能下拉菜单中的"工作区域"恢复原工作区，如图 2-48 所示。另外，还可以通过"插入"功能下拉菜单中的"连接符号"完成主回路图绘制。

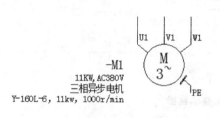

图 2-47　三相异步电机符号插入效果图

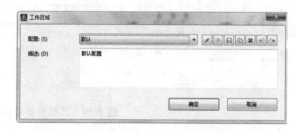

图 2-48　恢复连接工具栏窗口

三相异步电机正反转主回路图如图 2-49 所示。

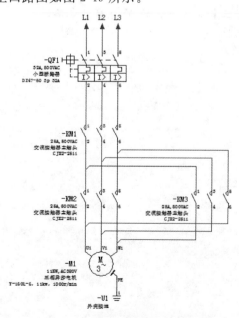

图 2-49　三相异步电机正反转主回路图

(8)插入控制元件符号。

插入熔断器符号、正转启动按钮符号、反转启动按钮符号、停止按钮符号、接触器 KM1/KM2/KM3 线圈及触点符号,完成整个电路图的绘制,如图 2-50 所示。

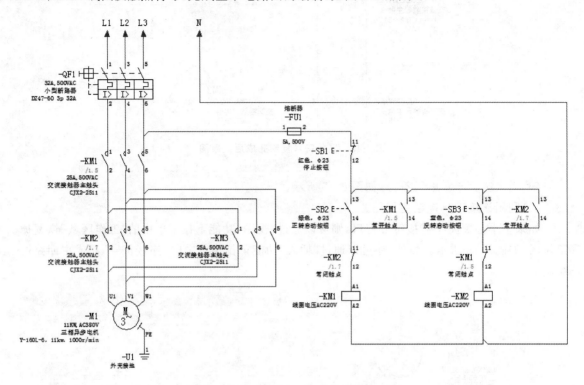

图 2-50 三相异步电机正反转完整电路图

实训练习题

请用 EPLAN 绘制一台三相异步电机的 Y-△启动电路。

第3章
项目实例供电回路原理图绘制

本书从本章开始以某工厂的一个二轴码垛机械手作为项目实例,分章节讲解二轴码垛机械手供电回路、主电路的控制回路、PLC控制回路等的绘制,以及端子排和部件的报表输出等。二轴码垛机械手具有两个自由度,即左右平移和上下直线运动,左右平移由三菱伺服电机驱动,上下直线运动由气缸驱动,末端采用真空吸附,码两层,每层三个纸箱。

本章主要讲述如何绘制项目实例的供电回路。在学习绘制供电回路之前,我们必须掌握以下基础知识。

1. 黑盒的作用以及如何用黑盒绘制电气元器件。

2. 连接的符号及连接的目标。

3. 端子的含义及创建。

4. 消息管理的含义以及如何使用消息管理信息。

◀ 3.1 黑　　盒 ▶

3.1.1　黑盒的作用

EPLAN 符号库中的符号能够代表大部分的电气器件,但是当遇到与符号表达不完全一致的电气器件时,怎么办? 下面的三种方法都可以解决这个问题。

(1)建立自己的符号库,增加符号(不推荐使用,建立符号库比较烦琐,由构建符号库错误引发的系统崩溃很难恢复。)

(2)使用 EPLAN 提供的黑盒工具。

(3)黑盒加上设备连接点,基本上可以代替全部符号所代表不了的部件。

> 注意:
> (1)"符号"加"黑盒"可以代表任何电气元件。
> (2)用线段、图形和文字描述的部件在电气设计方面是没有意义的。
> (3)出现在"黑盒"上的一些线段、图形、文字或者图片的信息(包括图形宏),只是对"黑盒"所代表产品的一些补充描述。
> (4)绘制外形很像的图形来代表实际的电气元件插入 EPLAN 中是错误的,通过外形很像的图形配合"黑盒"表示电气元件意义不大。
> (5)EPLAN 提供了部件库,用以从电气设计的角度去描述每一个部件;也提供了多种形式的报表和图表,用以展示所使用的电气元件的信息。

下面我们将通过一个案例来说明如何用符号/黑盒表示电气器件。

3.1.2　用符号/黑盒表示 S8PS 开关电源

1. 用符号表示 S8PS 电源

尝试在图纸中插入一个欧姆龙 S8PS-30024D(50W)开关电源。

打开项目 CHP03,新建"2"页,将"页描述"修改为"开关电源"。

选择"插入">"符号"菜单项,弹出"符号选择"对话框,选择"IEC_symbol">"电气工程">"变频器,变压器和整流器",选择右侧第 14 个符号,它的描述为"两相桥式整流器,二次侧 2 个连接点",如图 3-1 所示。

单击"确定"按钮,完成开关电源符号的插入,结果如图 3-2 所示。

查找欧姆龙 S8PS-30024D(50W)开关电源模块手册,得该开关电源的接线如图 3-3 所示。

根据说明书中的连接点描述,将"-V1"的连接点修改为"L""N""+V""-V"。双击符号"-V1",弹出"属性(元件):常规设备"对话框,如图 3-4 所示。

> 注意:
> 连接点代号的顺序是符号图形预览中显示的"1""2""3""4",按此顺序填写电气元件的实际连接点"L""+V""N""-V",并用"¶"符号隔离。

单击"确定"按钮,完成"-V1"连接点代号的定义,结果如图 3-5 所示。

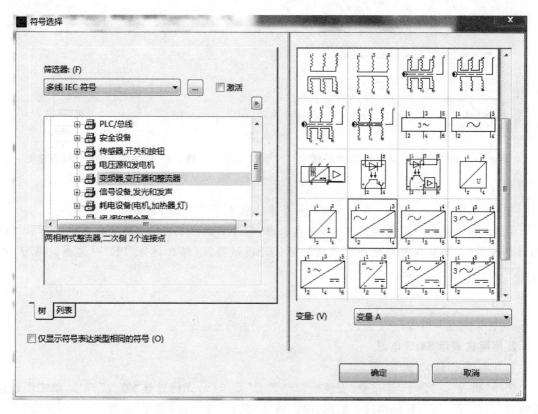

图 3-1　选择符号

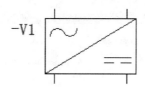

图 3-2　开关电源符号插入效果

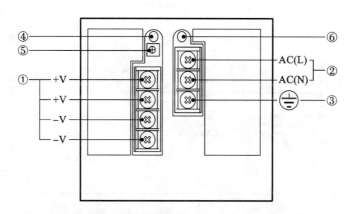

图 3-3　欧姆龙 S8PS-30024D(50W)开关电源接线图

①—直流输出端子(＋V、－V),用于连接负载线;②—交流输入端子(L、N),用于连接输入线;

③—接地端子,用于连接接地线;④—输出显示灯,直流输出 ON 时亮灯(绿);

⑤—输出电源校正旋钮;⑥—输入电源指示灯

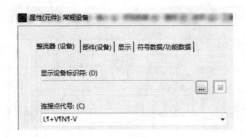

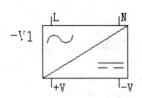

图 3-4 "属性(元件):常规设备"对话框   图 3-5 开关电源符号连接点定义

> 注意:
> (1)对比图 3-3 和图 3-5,开关电源符号基本上代表了实际 S8PS 的功能。
> (2)从电气设计的严谨性和准确性角度来讲,符号中漏掉了接地"PE"、直流输出的第二路"L+"和"M"。如果在电柜生产中严格按照设计图纸接线,那么接地"PE"一定会被漏掉,在"+V"和"−V"上也会有分歧。

> 思考:
> 怎么解决上述问题?

2. 用黑盒表示 S8PS 电源

打开项目 CHP03 的"2"页。

选择"插入">"盒子/连接点/安装板">"黑盒"菜单项,光标外挂"黑盒"符号,单击图纸选择放置"黑盒"第一点,拖动虚线的矩形,单击放置"黑盒"第二点,弹出"属性(元件):黑盒"对话框,在该对话框,将"显示设备标识符"修改为"−V2",如图 3-6 所示。

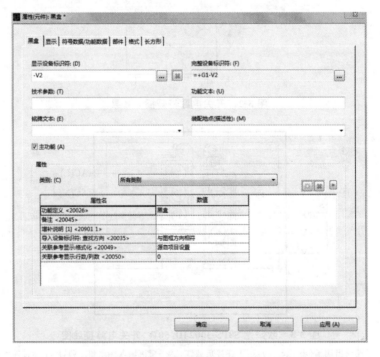

图 3-6 "属性(元件):黑盒"对话框及"显示设备标识符"的设置

单击"确定"按钮,完成"黑盒"的放置,效果如图 3-7 所示。

"黑盒"上的连接点是用"设备连接点"和"设备连接点(两侧)"来表示的。

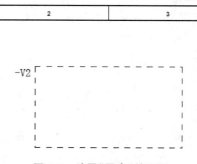

图 3-7　放置"黑盒"效果图

选择"插入">"盒子/连接点/安装板">"设备连接点"菜单项,光标外挂"设备连接点"符号,移动光标到"－V2"内,单击鼠标左键,弹出"属性(元件):常规设备"对话框,在该对话框内将"L"填写到"连接点代号"文本框中,如图 3-8 所示。

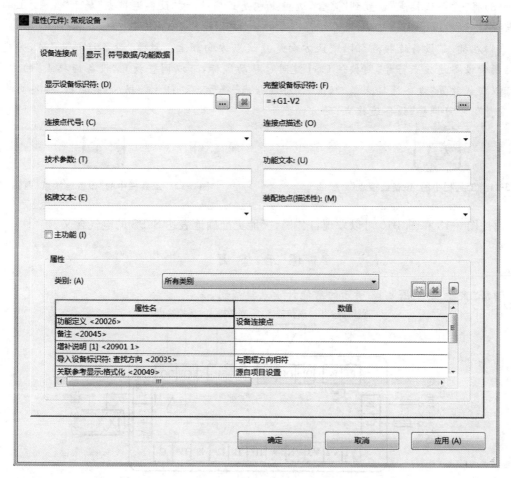

图 3-8　定义设备连接点

单击"确定"按钮,完成"L"设备连接点的插入,效果如图 3-9 所示。

按"L"设备连接点的插入方法,增加设备连接点"N""PE""＋V""－V""＋V""－V",完成后效果如图 3-10 所示。

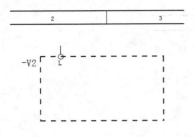

图 3-9　"L"设备连接点插入效果图

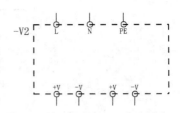

图 3-10　完成设备连接点插入的一V2

注意:

(1)"黑盒"插入还可以通过使用工具栏上的"黑盒"按钮和 Shift+F11 键来实现。

(2)"黑盒"用的连接点可以使用工具栏中的"设备连接点"(见图 3-11)和"设备连接点(两侧)"(见图 3-12)来表示,也可以用 Shift+F3 键来表示。

(3)将"设备连接点"放置到"黑盒"边框上也是正确的,该"设备连接点"属于"黑盒"上的连接点。

(4)在插入"设备连接点"时,默认方向是接线点方向朝上。放置"设备连接点"时,若光标移动附带设备连接点符号,则按住 Ctrl 键同时移动鼠标,可以调整放置"设备连接点"的方向。也可以默认放置"设备连接点"。双击"设备连接点"符号,在"符号数据/功能数据"标签页中修改"变量",即可调整"设备连接点"的方向。

图 3-11　工具栏中的"设备连接点"

图 3-12　工具栏中的"设备连接点(两侧)"

对比图 3-15 和图 3-10 可以发现,用"黑盒"能更准确地表达 S8PS 的电气含义。

课 后 练 习

利用"黑盒"绘制图 3-13 所示的智能计量表接线图。

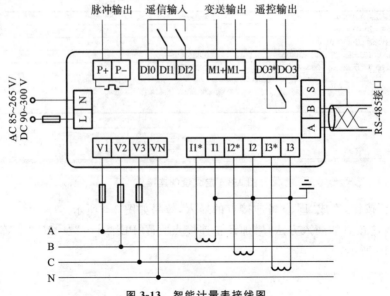

图 3-13　智能计量表接线图

◀ 3.2 连 接 ▶

3.2.1 对连接的描述

EPLAN 是这样描述连接的:"在 EPLAN 中,如果两个连接点直接水平或垂直相对,便可自动绘制、自动连接线。"

"符号"和"黑盒"的连接点具备与相邻连接点形成"连接"的属性,当射线方向有相对的连接点时,就构成了"连接"。

> 注意:
> (1)EPLAN 中的电气连接是靠"连接"来实现的。
> (2)用图形的方法绘制两个"连接点"之间的线段从电气概念角度来说是错误的。

3.2.2 连接的符号

除了"符号"和"黑盒"的连接点外,EPLAN 还提供 4 类连接符号,帮助电气设计者完成预期的连接设计。这 4 类连接符号分别为直角节点、T 形节点、十字节点和中断类节点,如图 3-14 所示。

设计图纸时,电气设计者需要用部件的连接点和连接符号实现电气连接设计的功能。

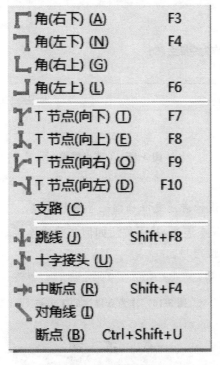

角(右下) (A)	F3
角(左下) (N)	F4
角(右上) (G)	
角(左上) (L)	F6
T 节点(向下) (I)	F7
T 节点(向上) (E)	F8
T 节点(向右) (O)	F9
T 节点(向左) (D)	F10
支路 (C)	
跳线 (J)	Shift+F8
十字接头 (U)	
中断点 (R)	Shift+F4
对角线 (I)	
断点 (B)	Ctrl+Shift+U

图 3-14　EPLAN 中的 4 类连接符号

3.2.3 连接符号的目标

双击放置在图纸上的"T"向下节点，会出现"T节点向下"对话框，在该对话框中勾选"确定目标"选项，会出现4种不同的并线方式，虽然在电气连接上都是保持3点接通，但是不同的连接目标决定了实际接线的方式，如图3-15所示。

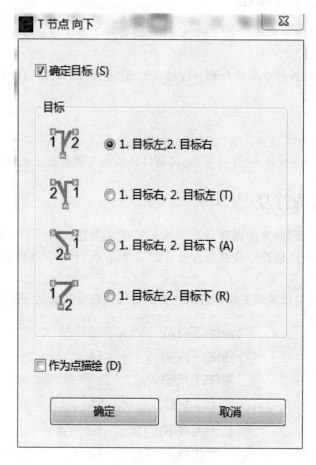

图 3-15 T 节点属性

注意：
节点目标的选择使电气设计者能更准确描述导线的并接。

如果只是从原理上理解3点连通，并不关注如何去并线连接，可以选择"作为点描述"选项，此时会出现图3-16所示的连接符号。

图 3-16 作为点描述的 T 节点

思 考 题

如何理解 T 节点 5 种连接目标的应用？

3.3 端　　子

3.3.1 端子排定义

方法 1：通过“插入”>“端子排定义”，在图形编辑器中完成。图 3-17 中端子名称“－X1”前的“－X1＝”是原理图上图形化的端子排表示。

表示端子排定义
PE
–X1=
–X1
1
2
3
4

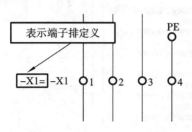

图 3-17 图形化的端子排定义

方法 2：通过在端子导航器中单击鼠标右键，选择“生成端子排定义”完成。图 3-18 中端子导航器中“X1”下面的图标是导航器中的端子排表示。

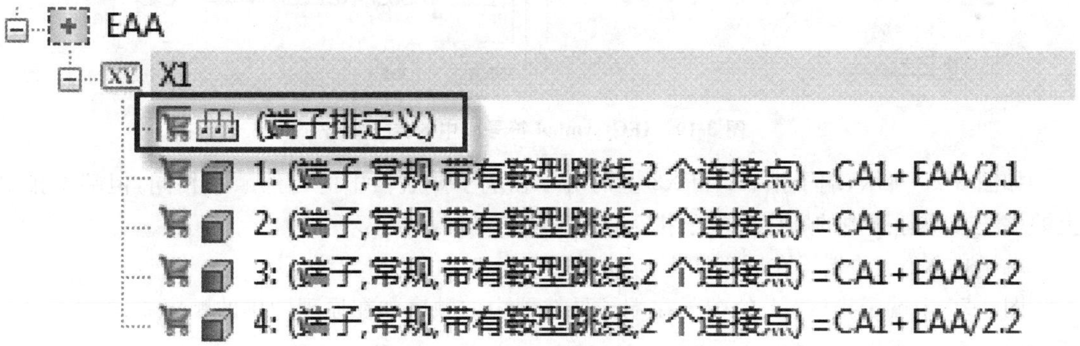

EAA
X1
(端子排定义)
1: (端子,常规,带有鞍型跳线,2 个连接点) =CA1+EAA/2.1
2: (端子,常规,带有鞍型跳线,2 个连接点) =CA1+EAA/2.2
3: (端子,常规,带有鞍型跳线,2 个连接点) =CA1+EAA/2.2
4: (端子,常规,带有鞍型跳线,2 个连接点) =CA1+EAA/2.2

图 3-18 导航器中的端子排定义

3.3.2 端子符号

如图 3-19 所示的 IEC_symbol 符号库，在电气工程端子和插头类中，含有大量设计中常用的端子符号。在这些端子符号中，有些是根据标准随着 EPLAN 版本的升级添加到符号库中的。

3.3.3 端子顺序

(1)端子的自然顺序：端子排上的端子是按字母和数字排序的，与端子导航器中的顺序对应。

注意：

从管理端子的角度来看，端子在原理图上的自然顺序就显得不那么重要了。

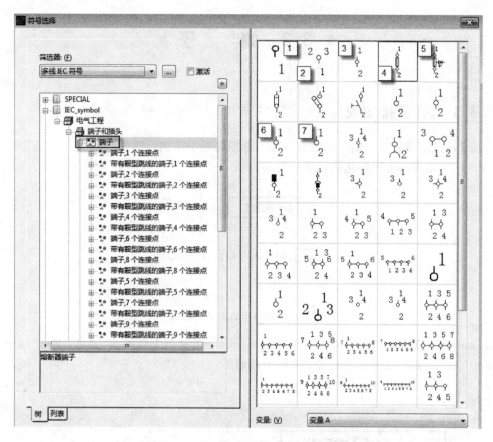

图 3-19 IEC_symbol 符号库中的端子符号

如图 3-20 所示,端子排 X1 和 X2 上的端子在端子导航器中的自然顺序相同,但端子排 X2 上的端子在原理图中的顺序与端子排 X1 上的端子不同。

端子排 X2 上的端子在原理图上的排列顺序为 1,3,5,2,4。

图 3-20 中端子排 X2 上的端子在端子导航器中的顺序和在原理图中的顺序不同。

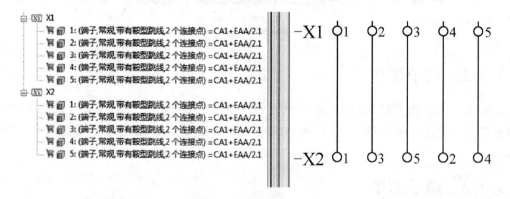

图 3-20 端子的自然顺序和在原理图中的顺序

(2)端子的图形顺序:端子根据放置在原理图中的顺序排序。

注意:

将端子属性"排序(图形)〈20810〉"激活,如图 3-21 所示,端子在端子导航器和原理图中的排序变一致。

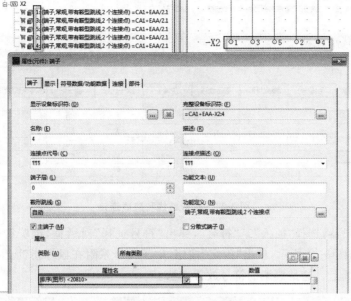

图 3-21 端子顺序设置

3.3.4 端子的鞍形跳线和直接跳线

端子排 X3 上的端子为鞍形端子,将鞍形跳线设置为"自动",如图 3-22 所示。

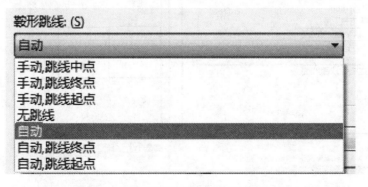

图 3-22 手动和自动跳线设置(端子排 X3)

如图 3-23 所示,由于端子 1 和端子 2 相邻,两者之间形成鞍形跳线;由于端子 2、4、6 不相邻,它们之间形成跳线连接(软连接)。

3.3.5 端子的创建和放置

可以通过在图形编辑器中直接插入端子符号来将端子符号放置在原理图上,这主要体现了面向图形的设计。

我们讨论过导航器的功能,端子的创建和放置更多地体现了面向对象的设计。

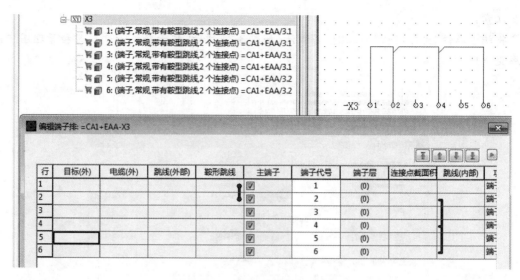

图 3-23　鞍形跳线和跳线连接

　　打开图形编辑器,选择"插入">"符号",弹出"符号选择"对话框,浏览符号库,选择想要放置的端子符号,如图 3-24 所示,单击"确定"按钮,端子符号系附在鼠标指针上,通过单击鼠标将端子符号放在图纸上。这是典型的符号放置方法。

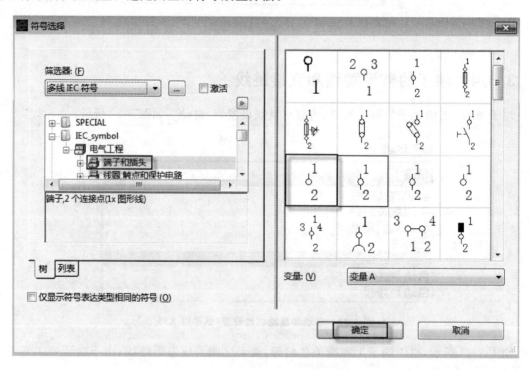

图 3-24　端子符号的选择

思 考 题

如何插入端子符号以及实现多个端子的排序?

◀ 3.4 消息管理 ▶

3.4.1 消息管理的作用

用 EPLAN 进行图纸设计需要过程,在设计过程中可能有相关的回路没有完成设计,因此 EPLAN 具有以下核心特点。

(1)EPLAN 是一个容错的系统,允许图纸中出现或者保持错误的设计。

(2)EPLAN 提供错误的检查和查询功能,给电气设计者提供检查错误时间的工具。

打开欧姆龙 S8PS-30024D(50W)开关电源符号项目后,可以利用 EPLAN 的消息功能对欧姆龙 S8PS-30024D(50W)开关电源符号项目进行检查,具体操作如下。

选择"项目数据">"消息">"执行项目检查"菜单项,如图 3-25 所示。

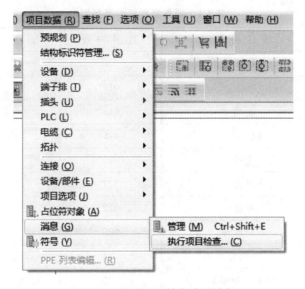

图 3-25　执行项目检查选项选择

随后弹出"执行项目检查"对话框,采用默认设置,如图 3-26 所示,单击"确定"按钮,进行项目检查。

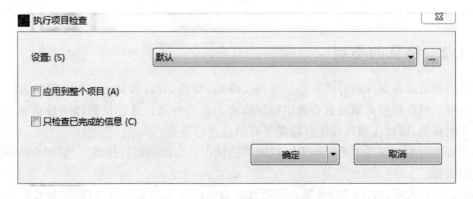

图 3-26　"执行项目检查"对话框

注意：

（1）EPLAN 提供默认的设置对项目进行检查。

（2）可以通过单击"设置"后的"…"按钮对检查规则进行配置。

检查结束后回到图纸界面，系统无提示信息。

选择"项目数据"＞"消息"＞"管理"菜单项，在页导航器窗口弹出"消息管理"导航器，如图3-27 所示。

行	状态	类别	号码	页	布局空间	设备标识符	消息文本	完成	生成自	X/Y	通过X
1		错误	017005	=R+A/1		=R+A-U1-V1:7	设备标识符多次出现过多主功能		de.eplan	132/160	离线

图 3-27 "消息管理"导航器

每个错误检查消息都由一个唯一的编号识别。此外，消息编号指定可能出现的消息的等级和可能出现消息的范围。消息编号由一个六位数的字符串构成：前三个数字表示消息所属的等级，如端子、插头、PLC 等；后三个数字明确标识一个等级内中出现的消息。消息类别编号及类别如表 3-1 所示。

表 3-1 消息类别编号及类别

类 别 编 号	消 息 类 别	类 别 编 号	消 息 类 别
001	端子	016	黑盒
002	插头	017	设备标识符
003	电缆	018	EPLAN5 数据导入
004	PLC/总线	019	EPLAN21 数据导出
005	连接	020	项目比较
007	设备	021	占位符对象
008	外语	022	其他
010	关联参考	023	PPE
011	中断点	024	流体
012	2D 安装板布局	025	项目设置
013	导入	026	3D 安装布局
014	导出	999	外部
015	报表		

3.4.2　消息的类别

错误检查消息按照问题的严重性分为三个等级：错误、警告和提示。每个等级分配有一个特定的图标。消息提示类别能自行确定错误检查消息的等级。这些设置以项目指定的方式保存在一个配置里，因此在项目转送时确保了对消息进行分类。

在项目检查中发现了 1 个号码为"017005"的错误。双击错误行任意处，鼠标会跳到图纸对应出错的位置。

单击错误行文字，按 F1 键，系统会自动读取与错误相关的帮助信息，提供导致错误设计的原因（EPLAN 称为"方案"）和对应的解决方法。

在本例中错误号码是"017005",是有关"设备标识符"的第 5 种错误。错误的原因是在"－U1"部件上设备标识符多次出现,主功能过多,把第二组的"－V1:6"修改为"＋V1:6",如图 3-28 所示,重新进行项目检查,消息管理中不再提示错误。

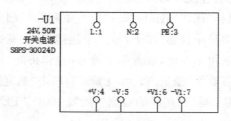

图 3-28   调整连接点名称后的开关电源

思 考 题

在 EPLAN 绘图中消息提示有什么意义?

◀ 3.5   教 学 实 例 ▶

本节教学实例主要讲述如何绘制本书项目实例中的供电回路。

3.5.1   新建项目和页

新建项目 EPLANCLASS,新建"完整页名"为"＝ESD＋G1/2"的多线原理图,"页描述"为"供电回路",如图 3-29 所示。

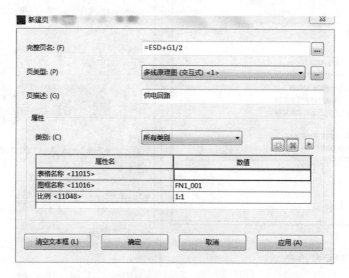

图 3-29   新建页(一)

注意:

(1)新建页从第 2 页开始,目的是空出 1 页作图纸的目录页。

(2)在开始制图前,为了制图的方便,把栅格捕捉功能打开,采用栅格距离为 4 mm 的栅格 C。

3.5.2 电路进线

电路进线首先从交流电的进线开始。

在"符号选择"对话框选择"IEC_ symbol">"电气工程">"端子和插头",单击右侧符号清单左上角第一个符号,右下角显示描述"端子,带1个连接点,无鞍型跳线连接点",单击"确定"按钮,在图框左下角某一位置单击左键,放置端子符号,在弹出的"属性(元件):端子"对话框中的"符号数据/功能数据"标签页将"变量"改为"变量C",单击"确定"按钮,退出该对话框。

用同样的方法在"X1"端子排"1"端子的右侧增加"2"端子、"PE"端子,效果如图3-30所示。

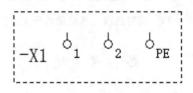

图 3-30　主电路进线

3.5.3 进电的安全设备

在端子排的上方插入塑壳断路器符号。

选择"插入">"符号"菜单项,弹出"符号选择"对话框,选择"IEC_symbol">"电气工程">"安全设备">"安全开关">"安全开关,4连接点",单击右侧符号清单第二行第五个符号,右下角显示描述"电力断路器,两级(L-,I-保护特性)",如图3-31所示。

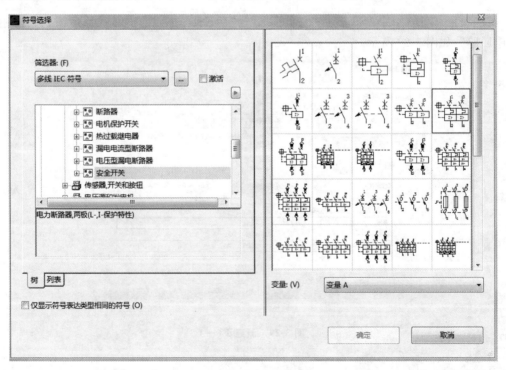

图 3-31　塑壳断路器符号选择

单击"确定"按钮,塑壳断路器符号跟随光标移动,选择好放置塑壳断路器符号位置后单击

鼠标左键,弹出"属性(元件):常规设备"对话框,在该对话框"技术参数"文本框内输入"16A",
如图 3-32 所示。

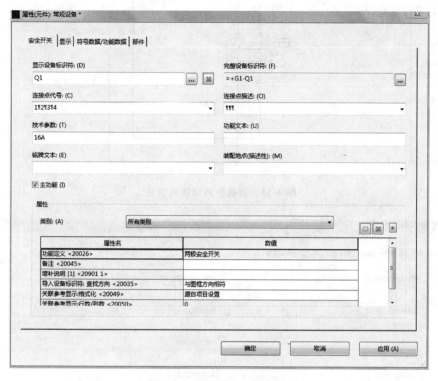

图 3-32 塑壳断路器符号属性设置

> 注意:
> (1)此处主功能默认是被选中的功能。塑壳断路器一般是由一个组件构成的,较少出现由
> 多个组件构成塑壳断路器的情况。
> (2)就算是出现由多个组件构成塑壳断路器的情况,一般也把主断路器部分定义为"主功
> 能"组件,其他如"辅助触点"或"欠压动作单元"等组件定义为"辅助功能"组件。
> (3)"连接点代号"默认是"¶1¶2¶3¶4",此时断路器正向放置,上方进线,下方出线。

单击"确定"按钮,完成塑壳断路器符号放置。

在很多情况下,总供电电源在图纸左下方,如果要求实际接线遵循"上进下出"原则,而塑壳
断路器的连接点是"1 进 2 出,3 进 4 出",那么为了使设计能正确指导接线,应进行部分图纸绘
制,如图 3-33 所示。

> 注意:
> (1)EPLAN 中符号代表部件,符号的外形对电气参数没有影响。
> (2)符号连接点的代号十分关键。根据符号连接点的代号,如图 3-33 所示,即使是不懂电
> 气的工人,也知道应把端子排"—X1"的"1"端子与端子排"—Q1"上的"1"端子连接起来。
> (3)可以通过调整符号上不同连接点的"连接点代号"降低绘图的难度。

双击"—Q1",弹出"属性(元件):常规设备"对话框。

将"连接点代号"文本框中的内容修改为"¶2¶1¶4¶3",如图 3-34 所示。

单击"确定"按钮,完成塑壳断路器符号连接点代号修改,如图 3-35 所示。

对比图 3-35(a)和图 3-35(b)不难看出,两个符号都代表相同的部件,只是后者提供了下方

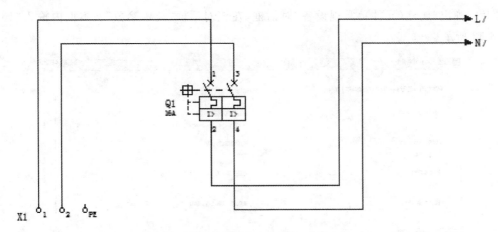

图 3-33　塑壳断路器接线方法

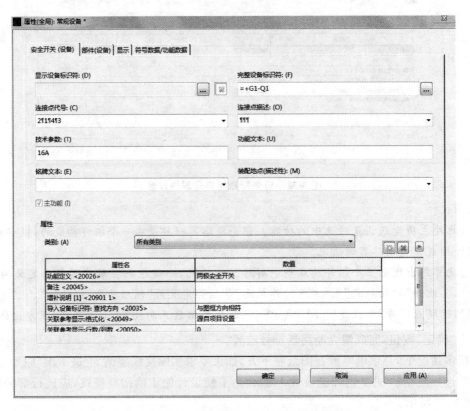

图 3-34　调整塑壳断路器符号的连接点代号

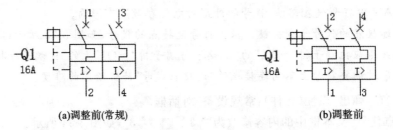

(a)调整前(常规)　　　　　　　　(b)调整前

图 3-35　连接点代号调整前后塑壳断路器符号

进线的表达方法。虽然实际接线时还是要接到塑壳断路器的上方,但是可以利用变更连接点描述来使图纸的表示简单明了而且正确。调整后的进线图如图 3-36 所示。

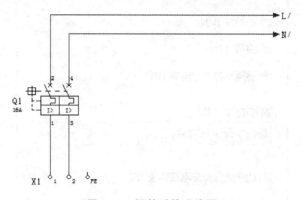

图 3-36　调整后的进线图

注意:

利用连接导航器检查"－Q1"的连接。

选择"项目数据"＞"连接"＞"导航器"菜单项,弹出连接导航器,如图 3-37 所示。

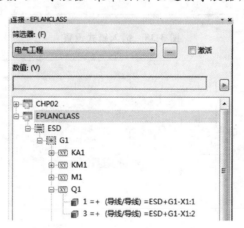

图 3-37　用连接导航器检查连接

从连接导航器上看到,"＝ESD＋G1－Q1"的"1""3"连接点分别连接了点"＝ESD＋G1－X1:1""＝ESD＋G1－X1:2",与我们所期望的连接是一致的。

3.5.4　创建进线接地端子

在"－X2"后增加 1 个端子,用于与 PE 的连接。

选择"－X1:2",按 Ctrl＋C 键进行复制,按 Ctrl＋V 键进行粘贴。此时端子符号可以跟随光标移动,选择将端子符号放置在位于"－X1:2"后 2 个栅格的位置,单击"确定"按钮放置端子符号,弹出"插入模式"对话框,在该对话框勾选"编号"复选框,如图 3-38 所示。

单击"确定"按钮,完成"－X1:3"端子符号放置。

在图纸右侧插入 2 个"中断点"——"L""N",分别用于连接"－Q1"的"＝ESD＋G1－Q1:2""＝ESD＋G1－Q1:4"。

插入"母线连接点",用以连接"＝ESD＋G1－X1:3",结果如图 3-39 所示。

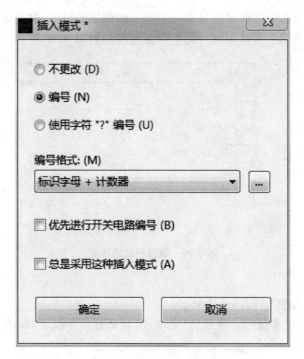

图 3-38　插入模式设置

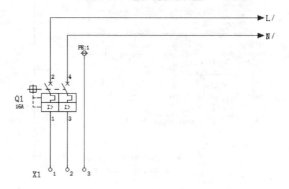

图 3-39　进线回路

注意：

（1）在电柜生产中，可以用"母线连接点"表达地排、零排以及用铜排进行电力分配的母线和电源分配块产品。

（2）用"右下角"连接符连接"－Q1"和右侧的中断点。选择"插入"＞"连接符号"＞"右下角"菜单项，"右下角"连接符附着在光标上，逐个单击需要连接的点，如图 3-40 所示，完成连接的设计。

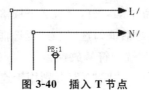

图 3-40　插入 T 节点

注意：

（1）EPLAN 提供快速放置符号的方法。在放置"右下角"连接符时，在第一个位置按住鼠标左键，拖拽到第 2 个点的位置，可以快速放置连接符号，如图 3-41 所示。

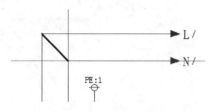

图 3-41　快速放置 T 节点

（2）其他连接符号、端子符号等也可采用类似的方法放置。

3.5.5　开关电源的供电

在此项目实例中，需要将直流电源连接到接触器的线圈，与操作面板上的"启动"按钮、"停止"按钮组成系统上电的控制回路。另外，PLC"FX3U-64M"的数字输出由 24 V 直流电源供电。

应用前文中介绍的应用"黑盒"创建开关电源的方法，创建一个开关电源，在"功能文本"文本框中输入"24 V，60 W，开关电源"，结果如图 3-42 所示。

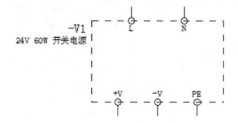

图 3-42　开关电源符号

用"T 节点，向下"连接"－V1""－Q1"和右侧的中断点。

选择"插入"＞"连接符号"＞"T 节点，向下"，在开关电源的连接点"L""N"正上方与进线中断点"L""N"的交汇处放置 T 节点，线路自动连接，结果如图 3-43 所示。

绘制开关电源的直流输出部分。在"－V1"的连接点"＋ V"和"－V"的下方插入 3 个中断点，设备标识符分别为"0V""24V1""24V2"，中断点的变量选用"变量 D"，结果如图 3-44 所示。"24V1""24V2"是开关电源的两路输出，是并联关系，应用"T 节点，向左"和"右下角"连接符号将中断点"24V2"和开关电源的"24V1"并接起来，结果如图 3-45 所示。

绘制开关电源的接地部分。选择"插入"＞"符号"＞"IEC_symbol"＞"电气工程"＞"电气工程的特殊功能"，然后单击选择"接地，保护接地"符号，如图 3-46 所示，最后单击"确定"按钮。"接地，保护接地"符号附着在光标上，在开关电源的"PE"连接点下方左击鼠标，弹出"属性（元件）：常规设备"对话框，采用缺省设置，单击"确定"按钮，关闭该对话框。绘制结果如图 3-47 所示。

3.5.6　伺服电机的供电

伺服电机不直接由主电路驱动，是由伺服驱动器驱动的。本项目实例采用的是三菱 MR-

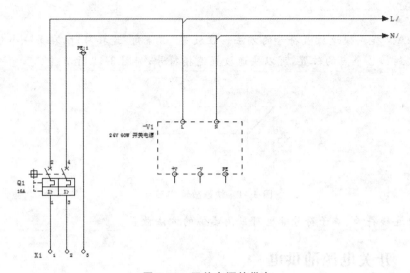

图 3-43　开关电源的供电

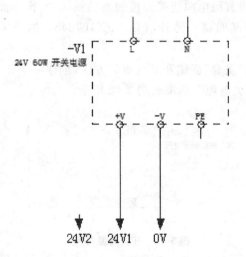

图 3-44　开关电源的输出

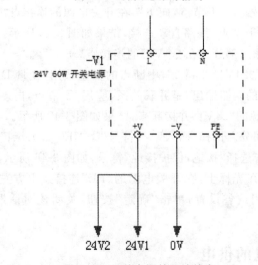

图 3-45　开关电源的两路输出

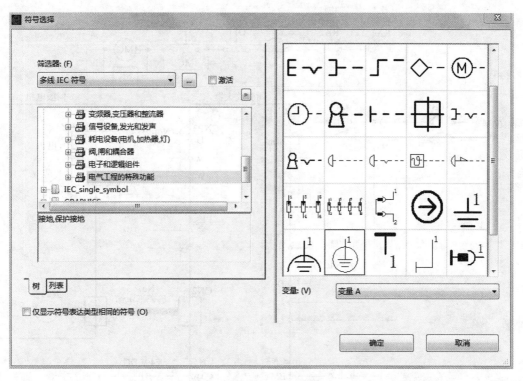

图 3-46　选择接地符号

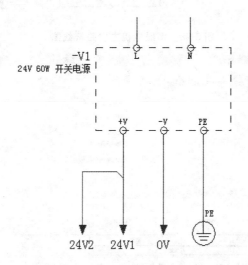

图 3-47　接地符号绘制结果

J3-70B 伺服电机。主电路接线图如图 3-48 所示。我们用 KM1 接触器代替图中的"MC 接触器",接触器控制电路的绘制将在下一章介绍。其余部分照抄下来。

首先画一个"黑盒"用以代替伺服驱动器,在"显示设备标识符"文本框内输入"U1",在"技术参数"文本框内输入"1kW,35NM",在"功能文本"文本框内输入"三菱伺服驱动器",在"铭牌文本"文本框内输入"MR-J3-40B",如图 3-49 所示。

在"黑盒"边框添加"设备连接点",并对"设备连接点"进行定义。连接符号很接近连接点的

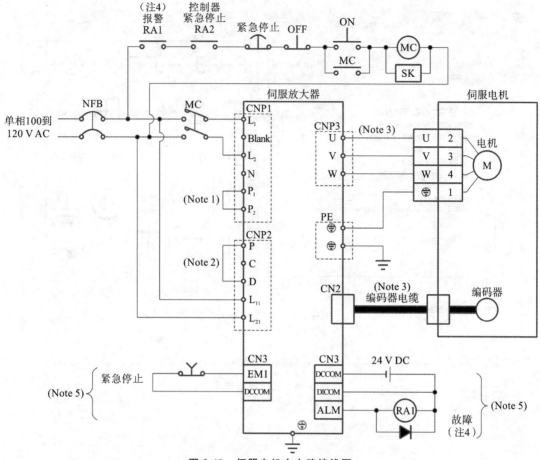

图 3-48　伺服电机主电路接线图

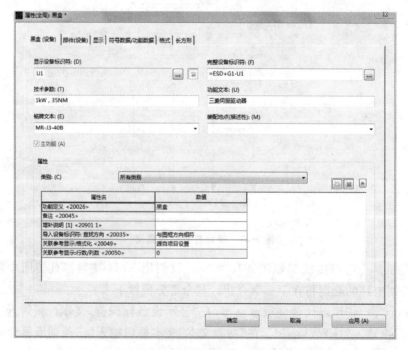

图 3-49　驱动器"黑盒"定义

圆圈,如图 3-50 所示。这时双击连接点,在弹出的对话框中选择"显示"标签,选择"连接点代号（带显示设备标识符）〈20036〉",在右边的列表中,将"X 坐标"值修改为"2.00 mm",如图 3-51 所示。修改过的符号和字符的距离就比较合适了,如图 3-52 所示。

图 3-50 设备连接符插入效果图

图 3-51 设备连接符显示属性设置

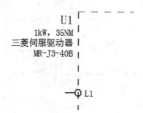

图 3-52 修改设备连接符显示属性后效果图

　　如图 3-51 所示,在"显示"标签页右边列表中可以修改很多关于显示的参数,如字号、颜色、线型等。

　　最终伺服电机的电路连接图如图 3-53 所示。

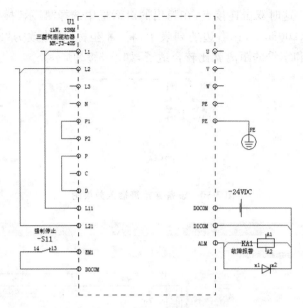

图 3-53　伺服电机的电路接线图

3.5.7　绘制电机

　　伺服电机与其他电机的不同之处在于伺服电机的轴端必须有用作反馈装置的编码器,所以在电路连接上有两个组件,但它们在一起,为了表达清楚,首先画一个结构盒,结构盒的设备标识符为"－M1"。单击工具栏中的"结构盒"工具按钮,结构符号跟随光标,单击确定放置"结构盒"符号的第一点,移动鼠标,使点画线构成矩形。

　　下面插入电机。选择"插入">"符号"菜单项,弹出"符号选择"对话框,选择"IEC_symbol">"电气工程">"耗电设备(电机,加热器,灯)">"电机">"带有 PE 的电机,4 个连接点",选择"交流电机,双向(用于控制阀)"符号,如图 3-54 所示,单击"确定"按钮,光标便带着三相电机符

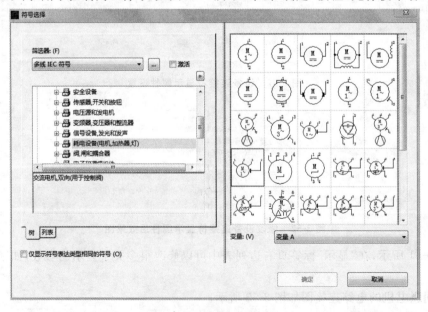

图 3-54　选择三相电机符号

号,单击绘制电机的区域,弹出三相电机属性设置对话框,将"显示设备标识符"文本框中的
"-M1"删除,将"符号数据/功能数据"标签页中的"变量"更改为"变量F",单击"确定"按钮,关
闭该对话框,结果如图 3-55 所示。

EPLAN 中没有专门的编码器符号,我们一般以绘图工具中的圆代替编码器符号,用线条
代替线缆,绘制编码器。最终伺服电机"-M1"如图 3-56 所示。

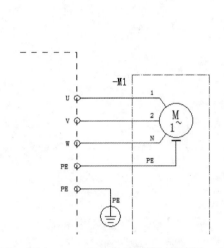

图 3-55 三相电机符号插入效果图

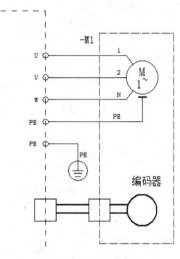

图 3-56 三相电机绘制结果

对于伺服驱动器,在接入主电路前接入一个断路器。除了 PLC,此项目实例主要元器件的
主电路基本已完成,如图 3-57 所示。

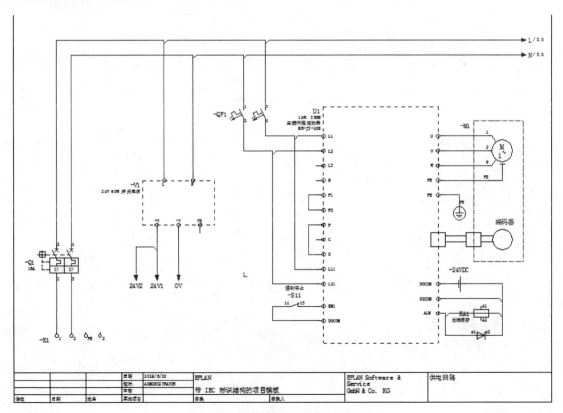

图 3-57 二轴码垛机械手的供电回路

思 考 题

分析绘制二轴码垛机械手供电回路的思路及步骤。

第4章
项目实例继电器控制回路原理图绘制

　　本章主要讲述如何绘制项目实例的继电器控制回路原理图,在学习绘制项目实例的继电器控制回路原理图之前,我们必须掌握以下基础知识。

　　1.设备的结构和主功能。

　　2.EPLAN 宏的简单应用。

　　3.利用电位跟踪等工具对电气图进行一些简单的仿真。

◄ 4.1 设备的结构和主功能 ►

4.1.1 设备的结构

对 EPLAN 中设备结构的了解有非常重要的意义:了解了设备的结构,就了解了如何使用"符号"和"黑盒"去表达部件。对 EPLAN 中设备结构的描述如下。

(1)设备是电气工程或者液压动力系统的逻辑单位。

(2)一个设备标识符表示一个设备,如接触器"1KM"代表一个设备。

(3)一个设备可以由几个不同的组件构成,如接触器由主触点、线圈和辅助触点构成。

(4)一个设备内每个组件都用相同的设备标识符表示,如接触器主触点的设备标识符是"−1KM1",线圈的设备标识符是"−1KM1",辅助触点的设备标识符也是"−1KM1"。

(5)一个设备内多个组件依靠相同的设备标识符进行逻辑关联。

接触器"−1KM1"的线圈通电后,到底会控制哪些触点呢? 会控制具备相同完整设备标识符的那些主触点和辅助触点。

4.1.2 设备的主功能

使用众多代表设备的组件时会遇到一些问题,以接触器为例,在制作部件的采购清单时,部件的采购清单中经常会出现"−KM1"接触器线圈、"−KM1"接触器主触点、"−KM1"接触器辅助触点,非常容易引起混淆,采购人员期望的是采购某品牌某个订货号的一个接触器。

为此,EPLAN 建立了"主功能"的概念。在多个具备相同设备标识符的组件中选出一个代表,让它代表本设备,而其他组件不具备代表的身份,这个代表身份就是主功能属性,不具备主功能身份的其他组件的功能称为辅助功能。

注意:

在放置"符号"或"黑盒"时,同时为"组件"分配了默认的功能,例如:

(1)放置"接触器线圈"时,默认放置的是"主功能"组件,如图 4-1 所示,主功能复选框被选中;

图 4-1 线圈主功能设置

（2）放置"主触点"和"辅助触点"时，默认放置的是"辅助功能"组件，如图 4-2 所示，主功能复选框未选中。

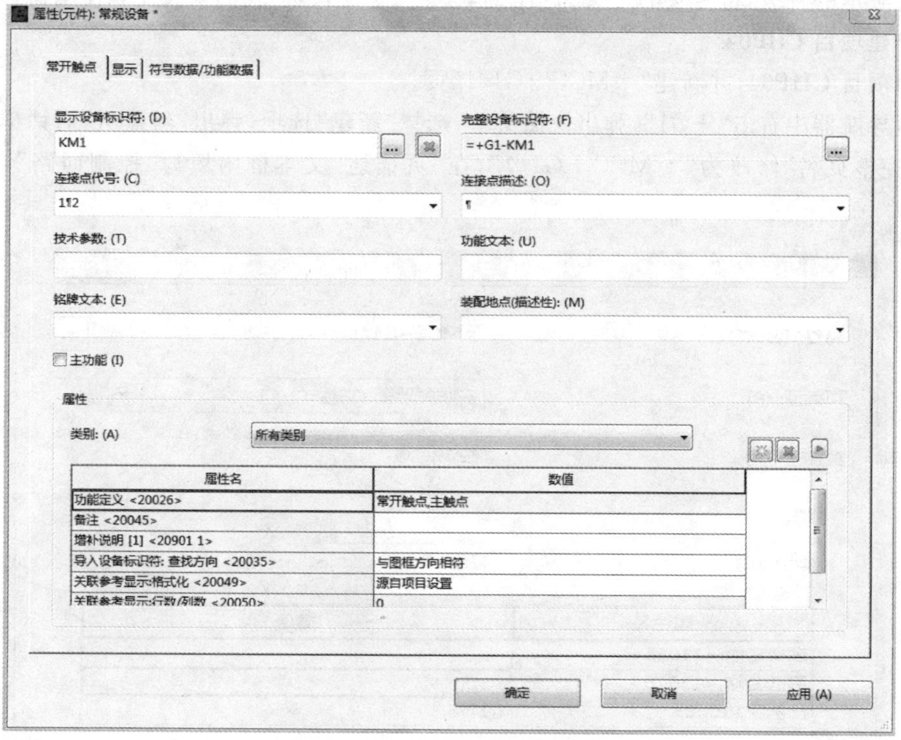

图 4-2　线圈辅助功能设置

思　考　题

1. 中间继电器设备的结构部件包含哪些？
2. 在绘制中间继电器时各结构部件主要功能如何设置？

◀ 4.2　EPLAN 宏的简单应用 ▶

4.2.1　EPLAN 宏概述

EPLAN 宏是 EPLAN 最有魅力的功能之一，对宏的正确使用是实现电气图自动化设计的关键。

使用 EPLAN 宏可以从以下几个方面提高工作质量和效率。

（1）可以重复使用原理图的某些部分。

（2）可以为某部分图纸设定多种可能的回路，如电机的正转回路、正反转回路、星三角回路。

（3）可以分配数据和部件型号，如根据控制电机的功率分配电机保护开关和接触器以及端子电缆的规格和型号。

简单地讲，EPLAN 宏的功能就是复制图纸上的一部分回路，命名这个回路并且保存起来，非常像 AUTOCAD 中的 BLOCK 功能。

EPLAN 提供三种宏：窗口宏、符号宏和页宏。

随着版本的升级，符号宏的定义和功能基本等同于窗口宏，我们只关注和使用窗口宏即可。

1. 新建项目 CHP04

新建项目 CHP04，并新建"＝MCC＋G1/1"页。

在页导航器中右击"＋G1"，弹出快捷菜单，选择"新建"选项，弹出"新建页"对话框，在该对话框将"完整页名"修改为"＝MCC＋G1/1"，在"页描述"文本框内填写"控制回路"，如图 4-3 所示。

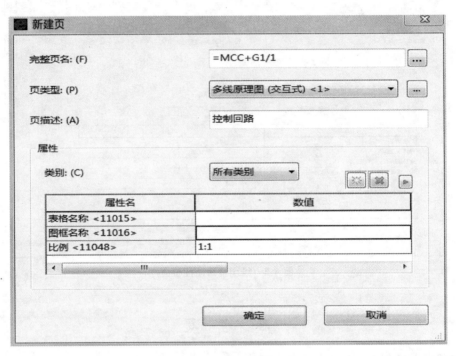

图 4-3　新建页（二）

单击"确定"按钮，完成新页的创建。

在"/1"页图纸左上侧绘制四个中断点，中断点名称分别为"L1""L2""L3""N"，在图纸右上侧绘制四个中断点，中断点名称分别为"L1""L2""L3""N"。图纸左上侧中断点绘制结果如图 4-4 所示。

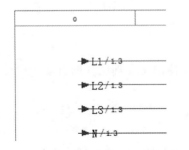

图 4-4　图纸左上侧中断点绘制结果

2. 修改中断点文字位置

同时选择左上侧的四个中断点（用鼠标圈选或者按住 Ctrl 键分别左击左上侧的四个中断点），右键单击选中的对象，弹出快捷菜单，单击"属性"选项，弹出"属性（元件）：中断点"对话框，在该对话框选择"符号数据"标签，在"变量"下拉菜单中选择"变量 E"，如图 4-5 所示。

单击"确定"按钮，完成中断点文字位置调整，结果如图 4-6 所示。

用同样的操作完成图纸右上侧四个中断点文字位置的调整。将图纸右上侧四个中断点的"变量"修改为"变量 A"，完成后如图 4-7 所示。

因为经常在图纸中用到 3＋N 的动力回路，所以希望把这部分图复制下来，保存为"3PN"，

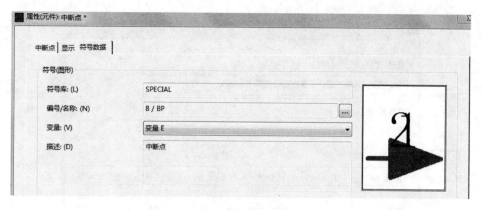

图 4-5　中断点变量设置

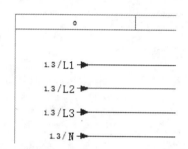

图 4-6　调整好文字位置的图纸左上侧中断点

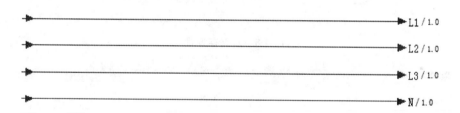

图 4-7　3＋N 动力母线

以便于其他图纸使用。

选择对象：鼠标圈选全部（八个）中断点。

创建宏：选择"编辑"＞"创建窗口宏/符号宏"菜单项（或者按 Ctrl＋F5 键），弹出"另存为"对话框，在该对话框单击"文件名"文本框后的"…"按钮，在弹出的对话框中输入文件名"3PN"，后缀为".ema"，单击"保存"按钮，回到"另存为"对话框，在该对话框填写描述信息"3 相动力线＋1 相 N 线"，如图 4-8 所示。

单击"确定"按钮，完成"3 相动力线＋1 相 N 线"宏 3PN 的制作。

4.2.2　测试制作的 3PN 宏

选择"插入"＞"窗口宏/符号宏"菜单项，弹出"选择宏"对话框，在该对话框选择刚才保存宏 3PN 的文件夹，选择 3PN 后，勾选右侧"预览"选项，这时预览窗口会出现 3PN 预览图，如图 4-9 所示。

单击"打开"按钮，3PN 图形附着在光标上，选择需要放置符号的位置，单击放置 3PN 图形，结果如图 4-10 所示。

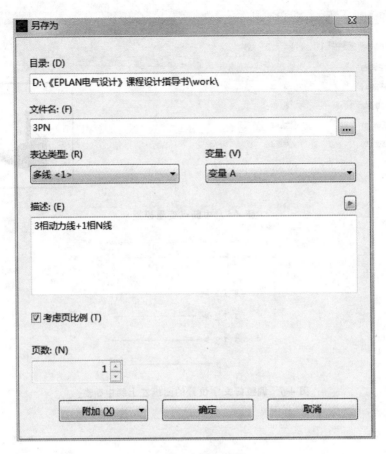

图 4-8　宏保存设置

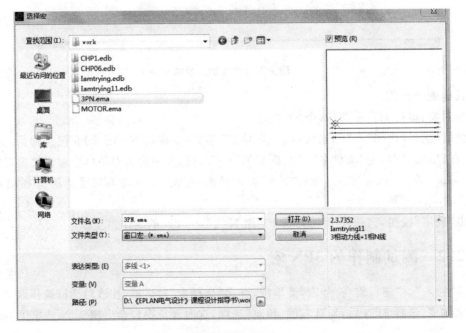

图 4-9　选择并预览宏 3PN

图 4-10　插入宏 3PN 后的图纸

思 考 题

分析 EPLAN 宏的意义。

◀ 4.3 教 学 实 例 ▶

本章教学实例主要讲述如何绘制本书项目实例中的继电器控制回路。

4.3.1 绘制接触器

打开项目"EPLANCLASS"的"＝ESD＋G1/2"页。

为了控制开关电源和伺服电机电源的开启和断开,在主电路的开关电源和伺服电机之间接入一个接触器"－KM1","上电"按钮和"停止"按钮通过接触器的线圈控制主电路的通和断。

> 注意:
> 接触器绘制方法与传统绘制方法不同。"－KM1"接触器是由线圈"－KM1"、主触点"－KM1"的"1¶2"、主触点"－KM1"的"3¶4"、主触点"－KM1"的"5¶6"、辅助触点"－KM1"的"13¶14"五个组件构成。绘制主触点时,是绘制三个具有相同设备标识符的不同组件,它们的区别是连接点代号不同。

选择"插入">"符号"菜单项,弹出"符号选择"对话框,选择"IEC_symbol">"电气工程">"线圈,触点和保护电路">"常开触点">"常开触点,2 个连接点",选择"变量 D",选择"常开触点,主触点",如图 4-11 所示。

> 注意:
> (1)可通过拖放的方式快速放置符号。
> (2)符号放置方法是选择好待放置的符号,在起始位置按住鼠标左键不松开,移动鼠标到另一个位置,在这两个位置中间凡有电气连接点的位置都会放置该符号。

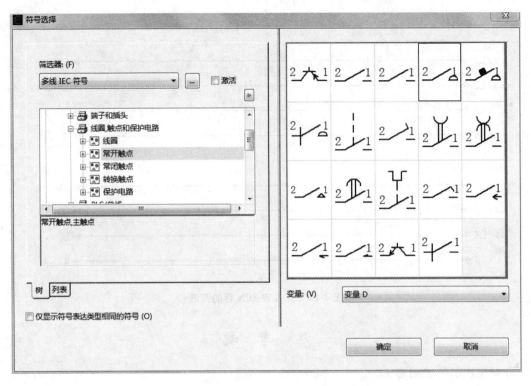

图 4-11　主触点符号选择

单击"确定"按钮,"主触点"符号跟随鼠标,在进线的主线路"L"上按住鼠标左键,向下拖动鼠标,移动到"N"上松开鼠标左键,完成 2 个主触点的放置。

完成放置后接触器位置出现"－? K1"的设备标识符,并且每组连接点都是"1¶2"。

注意:
(1)接触器的主触点是辅助功能组件,因为还不确认插入的主触点的主功能组件(一般是接触器线圈)是哪一个,所以 EPLAN 给出"?"提示,要求设计者定义正确的设备标识符。
(2)水平放置的符号,如果没有定义"设备标识符"就会继承水平方向前一个"设备标识符",本例第二组主触点,设备标识符为空,"主功能"的复选框没有被勾选。

双击主触点符号,进入"属性(元件):常规设备"对话框,将"显示设备标识符"文本框中的文本内容修改为"－KM1"。

双击第二组主触点符号,将"连接点代号"修改为"3¶4",如图 4-12 所示。

4.3.2　绘制主电路的自锁控制回路

继电器"－KM1"的线圈由 24 V 直流电源供电。

在项目"EPLANCLASS"中新建页"/3",在"页描述"文本框中输入"主电路控制回路"。

在"/3"页图纸左上侧绘制两个中断点,中断点名称分别为"24V1""0V",在图纸右上侧绘制两个中断点,中断点名称分别为"24V1""0V"。两边的中断点自动连接。

选择"插入">"符号"菜单项,弹出"符号选择"对话框,选择"多线 IEC 符号">"IEC_symbol">"电气工程">"线圈,触点和保护电路">"线圈",选择"机电驱动装置,常规继电器线圈",单击"确定"按钮。

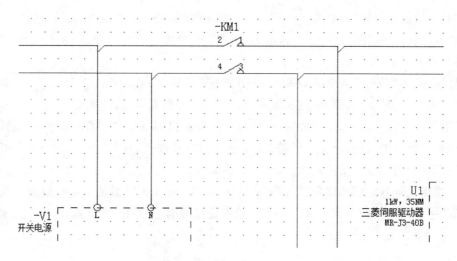

图 4-12　插入接触器主触点

符号附着在光标上,选择需要放置符号的位置,单击鼠标,弹出"属性(元件):常规设备"对话框,单击"显示设备标识符"文本框后的"…"按钮,选择"＝ESD＋G1－KM1",单击"确定"按钮,回到"属性(元件):常规设备"对话框,单击"确定"按钮,完成接触器线圈的放置。

接触器的触点影像显示在图纸上,如图 4-13 所示。

通过连接符号把接触器线圈的上口"－KM1:A1"连接到"24V1",把接触器线圈的下口"－KM1:A2"连接到"0V",结果如图 4-14 所示。

图 4-13　接触器的触点影像　　　　　　　**图 4-14　主电机接触器控制回路**

在主电机接触器线圈回路上方插入用于上电的"启动"("常开")按钮和用于停止的"停止"("常闭")按钮。

选择"插入">"符号"菜单项,弹出"符号选择"对话框,选择"多线 IEC 符号">"IEC_symbol">"电气工程">"传感器,开关和按钮">"按钮常开触点,按压操作",单击"确定"按钮。

符号附着在光标上,选择需要放置符号的位置,单击鼠标,弹出"属性(元件):常规设备"对话框,将"显示设备标识符"修改为"－S1",单击"确定"按钮,完成"启动"按钮的放置。

按 Esc 键退出"启动"按钮放置,选择"插入">"符号"菜单项,弹出"符号选择"对话框,选择"多线 IEC 符号">"IEC_symbol">"电气工程">"传感器,开关和按钮">"按钮常闭触点,按压操作",单击"确定"按钮。

符号附着在光标上,选择需要放置符号的位置,单击鼠标,弹出"属性(元件):常规设备"对话框,将"显示设备标识符"修改为"—S2",单击"确定"按钮,完成"停止"按钮的放置。

绘制"启动自锁"按钮。需要为"—S1"按钮并联一个接触器辅助触点,以在"—S1"按钮断开后保持"—KM1"接通。

选择"插入">"符号"菜单项,弹出"符号选择"对话框,选择"多线 IEC 符号">"IEC_symbol">"电气工程">"线圈,触点和保护电路">"常开触点",单击"确定"按钮。

符号附着在光标上,选择需要放置符号的位置,单击鼠标,弹出"属性(元件):常规设备"对话框,在该对话框单击"显示设备标识符"文本框后的"…"按钮,选择"=ESD+G1—KM1",单击"确定"按钮,回到"属性(元件):常规设备"对话框。

将"连接点代号"修改为"13¶14",单击"确定"按钮,完成接触器辅助触点放置。使用连接符号,并联"=MCC+G1—KM1"和"—S1"。绘制完成的继电器控制回路如图4-15所示。

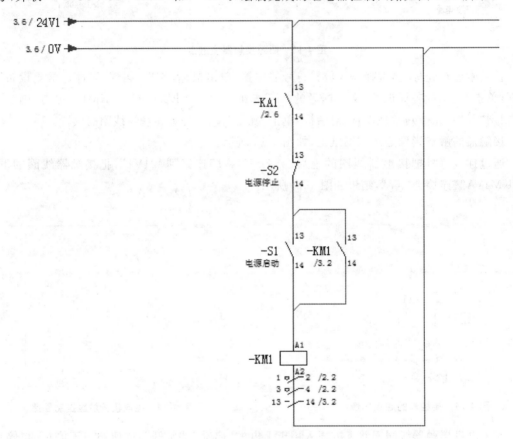

图 4-15　二轴码垛机械手的继电器控制回路

练 习 题

请用 EPLAN 绘制三台异步电机按顺序延时启动主回路、控制回路电路图,工作逻辑如下:按下"启动"按钮,第一台异步电机运行,延时 5 秒,第二台异步电机启动运行,同时第一台异步电机继续运行,延时 5 秒,第三台异步电机启动运行,同时第一台异步电机、第二台异步电机保持运行,按下"停止"按钮,三台异步电机同时停止运行。

4.4 利用电位跟踪功能检查图纸设计

4.4.1 电位跟踪

完成部分图纸设计后,除了可以用消息管理的功能检查图纸设计外,EPLAN 还提供一些工具帮助电气设计者追踪电位、信号和网络的连接。通过这些工具,电气设计者对电气图纸可以进行一些简单的仿真。

单击工具栏上的"电位跟踪"(　)按钮,"电位跟踪"符号附着在光标上,单击"－X1:1"上方的连接,整个项目图纸中和这个鼠标点的极点有等电位的连接呈现"高亮"状态,如图 4-16 所示。

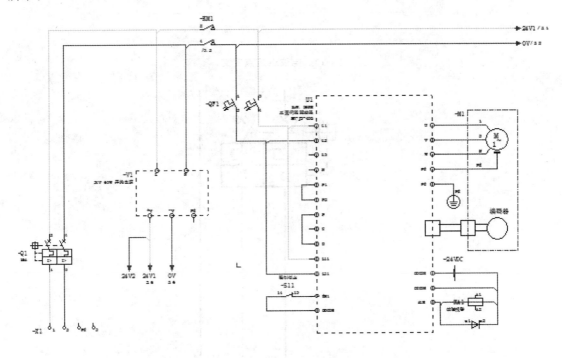

图 4-16　电位跟踪检查

4.4.2 电位定义点

在图纸中插入"电位连接点"可以为图纸中等电位的连接进行命名,以方便部件的查询和报表的汇总。

单击工具栏上的"电位连接点"(　)按钮,"电位连接点"符号附着在光标上,在"－X1"端子下方放置"电位定义点"符号。

双击第一个"电位定义点"符号,弹出"属性(元件):电位连接点"对话框,在"电位名称"文本框内填写连接点名称"L",属性"电位类型"选择"L",完成第一个电位连接点的定义,如图 4-17 所示。

其他电位连接点分别定义名称为"N""PE",属性"电位类型"分别选为"N""PE",完成后结果如图 4-18 所示。

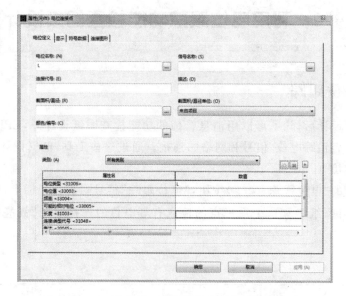

图 4-17　电位连接点定义

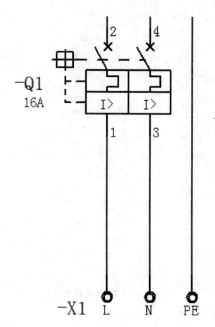

图 4-18　完成电位连接点定义后的结果

> 注意：
> 传统图纸中线号的作用更多的是在无图纸检修时进行电位的测量，作者认为 EPLAN 电位定义在此层面实现了传统图纸线号的功能，EPLAN 的连接定义点更偏重于代表某一根导线。

除了通过电位跟踪对电位进行查看外，还可以通过修改图层的颜色来显示不同的电位。

选择"选项"＞"层管理"菜单项，弹出"层管理"对话框，如图 4-19 所示。

将 EPLAN540、EPLAN541、EPLAN542 图层的颜色分别修改为黑色、蓝色和黄绿色，如图4-20所示。

图 4-19　电位图层显示

图 4-20　电位图层修改后的颜色

回到绘图界面,选择"项目数据">"连接">"更新"菜单项,连接已经按照电位进行颜色显示,如图 4-21 所示。

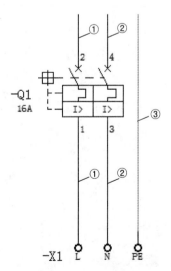

图 4-21　电位的颜色显示

①—黑色;②—蓝色;③—黄绿色

注意:
　电位的颜色标识不是必需的,只是帮助用户检查电位以及一些与电位有关的电气设计。

这里恢复到电位相关的默认颜色状态。

思 考 题

电位跟踪器的使用步骤是怎样的?

第5章
基于部件的设计

　　前4章讲述的内容基本上都与满足电气系统的功能有关,若要求较笼统,如设计院做规划或者系统招标等,则利用前4章所学的知识就能得到满足要求的图纸设计,但是在具体做项目时,尤其是在生产设计阶段,就需要完善图纸的细节,如部件的选项、导线线径和颜色的定义、电缆的定义和安装板的布局等,所以在本章以及第8章中,我们将围绕着这些知识要点以案例的形式进行讲解。

　　本章知识要点如下。

　　1.制作符号、符号库以及设置符号显示内容。

　　2.创建部件。

　　3.部件选型时应注意的参数。

5.1 制作符号和符号库

5.1.1 新建符号库

(1)选择菜单栏中的"工具">"主数据">"符号库">"新建"菜单项,如图 5-1 所示。

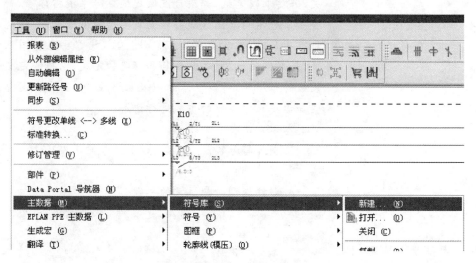

图 5-1 新建符号库菜单项选择

(2)在弹出的"创建符号库"对话框中输入文件名,如图 5-2 所示,然后单击"保存"按钮。

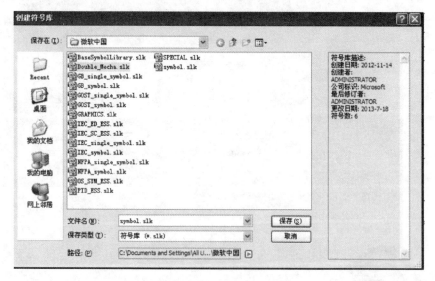

图 5-2 输入新建符号库的名称

(3)在弹出的"符号库属性"对话框中"基本符号库"的下拉菜单中选择新建符号库的图框,如"symbol",如图 5-3 所示,单击"确定"按钮。

图 5-3 选择新建符号库的图框

5.1.2 新建符号

(1)选择菜单栏中的"工具">"主数据">"符号">"新建"菜单项,如图 5-4 所示。

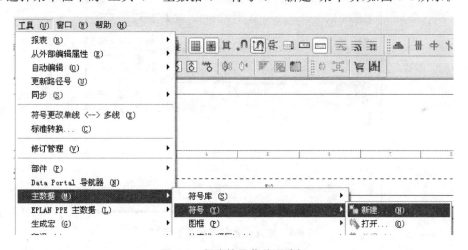

图 5-4 新建符号菜单项选择

(2)选择需要新建符号的符号库,如图 5-5 所示,然后单击"确定"按钮。

(3)定义符号的属性。例如,新建三相电机符号,符号属性设置如图 5-6 所示,然后单击"确定"按钮。

5.1.3 绘制符号

绘制符号一般使用绘图栏进行即可。三相电机符号的绘制效果如图 5-7 所示。图 5-7 所示只是一个单纯的图而已,接下来要做的是把它定义成一个符号。

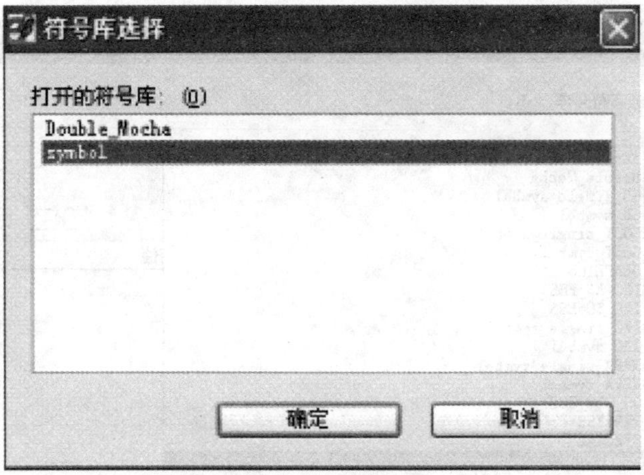

图 5-5　选择需要新建符号的符号库

图 5-6　定义新建符号的属性示例

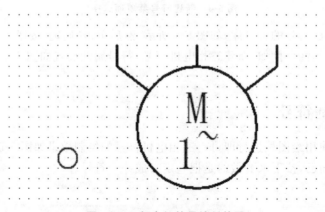

图 5-7　三相电机符号绘制效果

5.1.4　插入连接点

选择菜单栏中的"插入">"连接点上"菜单项,如图 5-8 所示,然后放置连接点,连接点插入完毕,效果如图 5-9 所示。

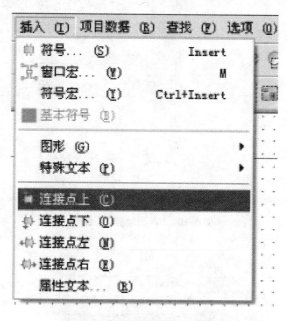

图 5-8　插入连接点菜单项选择

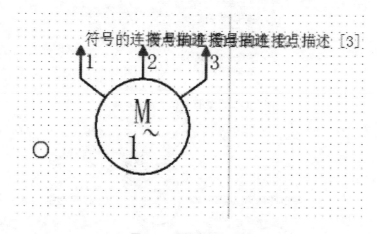

图 5-9　连接点插入效果

5.1.5　设置属性显示

插入一些需要显示的属性,如标识符等。

(1)选择菜单栏中的"插入">"属性文本"菜单项,弹出"属性放置"对话框,如图 5-10 所示。

(2)在"属性放置"对话框中新建几个设备属性(单击图 5-11 中的黄色按钮即可新建属性)。新建符号属性显示设置效果如图 5-12 所示,以后可以使用该符号。

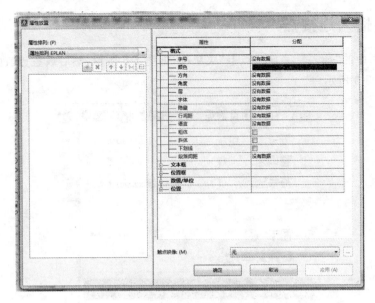

图 5-10　"属性放置"对话框

图 5-11　新建符号属性显示设置

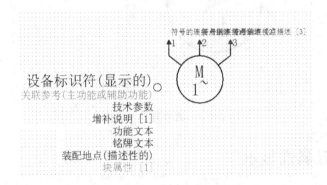

图 5-12　新建符号属性显示设置效果

思 考 题

新建一个符号需要经过哪些步骤流程?

◀ 5.2 部件的设置 ▶

5.2.1 基于部件的设计的两方面工作

1. 部件库的建设

EPLAN 提供了初始部件库供用户使用。

EPIAN 为购买服务的用户提供 Data Portal 接口,用户可通过此接口访问 EPLAN 官方部件库。

EPLAN 为用户提供维护部件库和新建、导入、导出部件方法,部件库可以由用户建设并维护。

2. 正确的部件选型

电气设计者应根据电气设计的需要,从部件库中选择正确的电气元件型号并赋予电气原理图中的符号。

> 注意:
> 部件选型需要电气设计者具备一定的电气设计知识,本书会讲授一些基本的电气设计常识和工程师经常混淆的一些概念以及 IEC 标准方面容易被忽略的知识。

5.2.2 部件的概念

理解以下几个概念有助于了解 EPLAN 基于部件的设计理念。

1. 符号(symbol)

符号是电气设备的一种图形表达。符号存放在符号库中,是电气工程师之间的交流语言,体现出系统控制的设计思维。

2. 部件(part)

部件是厂商提供的电气设备数据的集合。部件存放在部件库中,部件的主要标识是部件编号,可以包含部件型号、名称、价格、尺寸、技术参数、制造商名称等各种数据。

一个符号,如断路器符号,可以分配给西门子的断路器,也可以分配给 ABB 的断路器。一个部件,如接触器,它在 IEC 中的符号是方形的,在 IEEE 中的图形却是圆形的。

3. 元件(component)

在 EPLAN 中,原理图上的符号叫作元件,符号只能存在于符号库中。

4. 设备(device)

在 EPLAN 中,如果原理图上的一个元件经过了选型(即分配了部件),那么它就成了一个设备——既有图形表达,又有数据信息。

可以简单地理解为:在原理图上,符号+部件=设备。

在右键菜单中:"插入符号"表示将一个符号放到原理图中,形成一个元件,不包含任何部件信息;"插入设备"表示将符号放到原理图中,同时分配一个部件给它,以后就不用再进行选型操作了。

5.2.3　查找当前部件库

(1)选择"选项">"设置"菜单项,弹出"设置"对话框,选择"用户">"管理">"部件管理",显示部件库管理对话框,如图 5-13 所示。

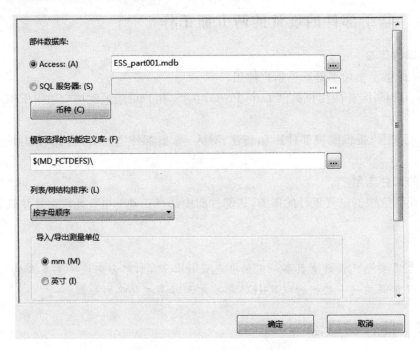

图 5-13　部件库管理对话框

(2)在"部件数据库"中有"Access"和"SQL 服务器"两种数据库供用户选择,可以选择 Access 数据库文件或者配置 SQL 服务器进行部件数据库设置,此处保留默认设置"ESS_part001. mdb"。

(3)单击"Access"文本框后的"…"按钮,可以查看当前 ESS_part001. mdb 的保存位置。单击"取消"按钮,退出部件库编辑状态。

5.2.4　简单部件设计

主电机的功率为 7.5 kW,要为它选择电机保护开关,穆勒样本中的 PKZM0 系列中对应于 7.5 kW 电机的电机保护开关型号为"PKZM0-16",产品订货号为"046938"。

新建项目 CHP05。

在页导航器中,新建"/1"页,选择"插入">"符号">"IEC_symbol">"电气工程">"安全设备">"安全开关",选择 6 连接点的"电力断路器,三极(L－,I－保护特性)",创建一个电机保护开关,设备标识符为"－Q1"。双击"－Q1",弹出"属性(元件):常规设备"对话框,选择"部件(设备)"标签,如图 5-14 所示。

单击"部件编号"第一行,文本框内出现"…"按钮,单击"…"按钮,弹出"部件选择"对话框,选择"电气工程">"零部件">"安全设备",单击"MOE. 046938",图形预览窗口出现"PKZM0-16"的预览图,如图 5-15 所示。

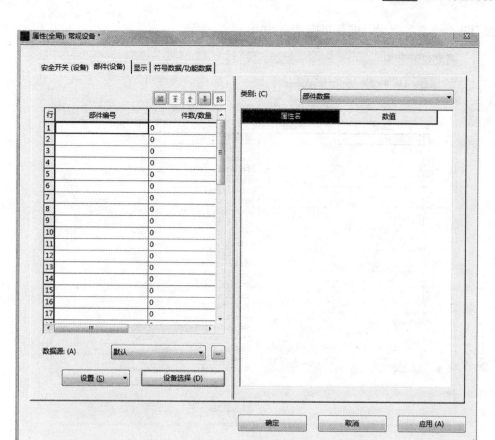

图 5-14 "属性(元件):常规设备"对话框

注意:

(1)对于图形预览窗口,可以通过选择"视图">"图形预览"进行显示和隐藏的操作。

(2)不是所有的部件都有预览图,部件是否有预览图取决于是否为该部件编辑并保存了预览图。

选择"MOE.046938(电机保护开关)",如图 5-16 所示。

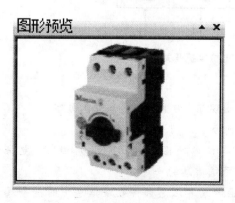

图 5-15 PKZM0-16 的预览

图 5-16 选择电机保护开关

单击"确定"按钮回到"属性(元件):常规设备"对话框,该对话框左侧表格显示完成选择的部件编号和数量;右侧表格显示该部件的属性信息,并可通过"类别"下拉菜单对两类属性("部件数据"和"部件参考数据")进行切换显示,如图 5-17 所示。

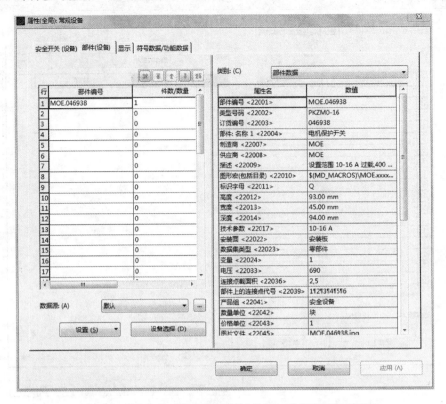

图 5-17 完成部件选择后的"属性(元件):常规设备"对话框

单击"确定"按钮,完成对电机保护开关的部件设计,结果如图 5-18 所示。

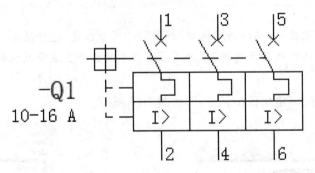

图 5-18 完成部件设计的电机保护开关

注意:
(1)对比部件设计前的元件,在设备标识符下方出现了"10-16 A"小号黑色文字。
(2)图纸外观变化不大,但是图纸信息有了巨大增加。
(3)电机保护开关符号经过部件设计后,关联了部件库数据库的"MOE.046938"(电机保护开关)部件信息,该部件的所有信息目前已经变成图纸信息的一部分。
(4)经过部件设计,可以在图纸、报表和表格上显示或者汇总部件众多信息中的一条或者全部。

思 考 题

部件设计包括哪些内容?

◀ 5.3 创建部件 ▶

5.3.1 厂家提供的部件库

EPLAN 提供了一个 ESS_part001.mdb 部件库,电气设计者在图纸设计中对部件进行选型时,可以直接对部件库中的部件进行设计。

如果 ESS_Part001.mdb 部件库中没有设计要使用的部件,则购买 EPLAN 软件和服务的用户可以通过 EPLAN 提供的 Data Portal 接口访问 EPLAN 的官方部件库。操作方法是选择"工具">"Data Portal"菜单项,弹出 Data Portal 导航器。

创建账户:选择"选项">"设置"菜单项,弹出"设置:Data Portal"对话框,选择"用户">"管理">"Data Portal",在右侧"Portal"标签页(见图 5-19)进行用户名和密码的设置,单击"创建帐户"按钮,完成账户的设定。

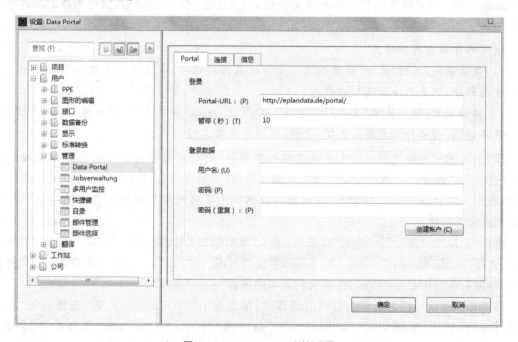

图 5-19 Data Portal 连接设置

5.3.2 通过复制创建部件

EPLAN 的 Data Portal 提供大量的部件信息,对用户的产品设计帮助非常大,但是面对中国用户存在以下问题。

(1)大品牌部件覆盖不全。一些大的品牌,产品部件以欧洲型号为主,基本上没有中国定制的产品。

（2）仅包含国内知名品牌部分部件，对国产电气部件的覆盖面相对较小。

（3）Data Portal 部件信息管理得比较好，但是当用户需要使用一些属性时还要自己编辑，如价格、折扣、采购周期甚至企业自己的 ERP 代码。

（4）购买了软件但是未购买 EPLAN 服务的用户是无法访问 Data Portal 服务器的。

（5）EPLAN 的 Data Portal 只是厂家提供的辅助设计工具，完全指望 Data Portal 解决部件库的建设问题是不切实际的，也不是 EPLAN 软件厂家能做的事情——它怎么会知道企业用户部件的 ERP 编号呢？

除了提供 Data Portal 外，EPLAN 软件厂家还提供了一套建设和维护部件库的方法，用户可根据自己的需求构建适用的部件库。

对于部件库的初学者来说，新建一个部件比较难，太多的属性不知道是否有用，就算有用，如何定义、如何在图纸上表达和使用也是要解决的难题。

最简单的方法是从部件库中找到一个和自己需求类似的部件，复制、修改并保存为新的部件。

对 EATON（伊顿）的 MOELLER 产品熟悉的读者知道，PKZM0 系列产品是进口产品，价格几乎是 EATON MOELLER xStart 系列产品的 2 倍，在小功率电机保护方面，xStart 系列更为常用。

PKZM0-16 的各项参数基本与 xStart 系列中的 PKZMC-16 一致，二者只是型号、订货号、部件编号不同。以下操作以 PKZM0-16 为模板，经过复制、修改、编辑后，保存为新的部件。

> 注意：
> 进入部件库有两种模式。
> （1）查看模式：通过"元件"的属性进入部件的选择对话框，以这种方式进入部件库可以选用和查看部件，但是无法编辑部件信息。
> （2）编辑模式：通过选择"工具"＞"部件"＞"管理"进入"部件管理"对话框，以这种方式进入部件库，可以对部件记录进行新建、复制、粘贴等修改工作。

EPLAN 默认在查看模式下无法修改和维护部件，但是可以通过设置实现随时修改部件。选择"选项"＞"设置"＞"用户"＞"管理"＞"部件选择"菜单项，勾选"选择期间可以进行修改"复选框，如图 5-20 所示。在这种情况下，从属性对话框中实施没有写保护的部件选择操作，可以创建和或编辑部件。

选择"工具"＞"部件"＞"管理"菜单项，进入"部件管理"对话框，由"树"显示切换到"列表"显示，选择"MOE.046938"，如图 5-21 所示，右击"MOE.046938"，在弹出的菜单中选择"复制"选项，再次右击"MOE.046938"，在弹出的菜单中选择"粘贴"选项。

"MOE.046938_1"为经复制得到的新部件，单击选中"MOE.046938_1"，选择右侧"常规"标签，在该标签页（见图 5-22）把"部件编号"修改为"MOE.225395"，把"类型编号"修改为"PKZMC-16"，把"订货编号"修改为"225395"，如图 5-23 所示。

单击"应用"按钮，完成部件的编辑。

5.3.3　创建新部件

下面通过创建新部件，对部件的结构和重要的功能进行讲解。

图纸中使用的电机保护开关是 PKZM0-2.5，需要创建 PKZMC-2.5，用以替换"—Q1"中的原有部件。

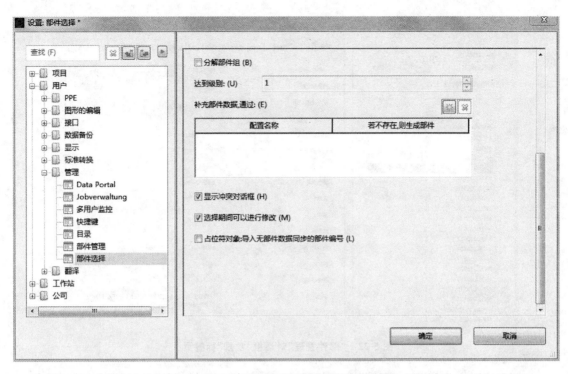

图 5-20　查看模式下修改和维护部件设置

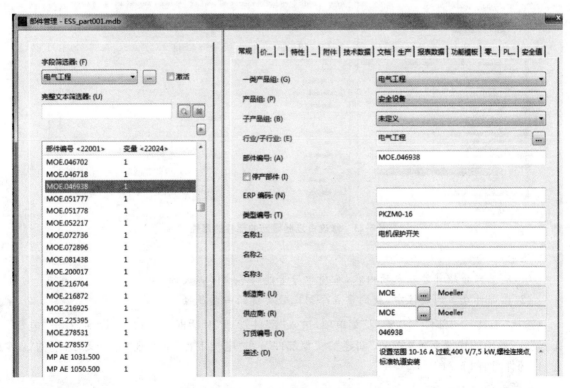

图 5-21　选择要复制的部件

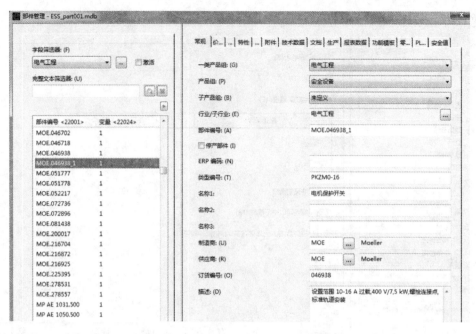

图 5-22 "部件管理"对话框"常规"标签页

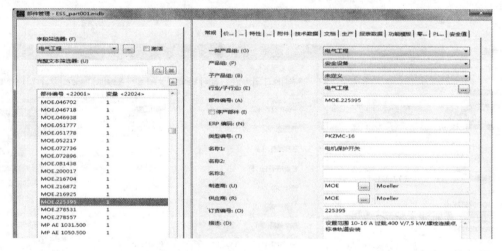

图 5-23 修改由复制得到的部件的属性

注意：
(1)这里只介绍部件基本的内容，希望学习者能够尽快掌握设计知识。
(2)在部件众多的属性中，我们重点介绍比较关键的一些属性。

选择"工具"＞"部件"＞"管理"菜单项，进入"部件管理"对话框，选择"树"标签，右击"电气工程"，在弹出的快捷菜单中选择"新建"＞"零部件"，在"电气工程"下出现"未定义"组下的"新建_1"部件，如图 5-24 所示。

1.产品组

选择"常规"标签，在该标签页"一类产品组"下拉菜单中选择"电气工程"，在"产品组"下拉菜单中选择"安全设备"，在"子产品组"下拉菜单中选择"电机保护开关"，如图 5-25 所示。

第 5 章 基于部件的设计

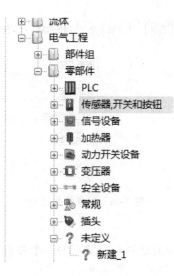

图 5-24　新建部件(一)

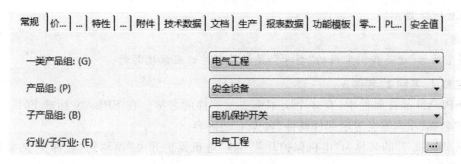

图 5-25　产品组分类

> 注意:
> (1)产品组的分类是固定的。
> (2)每类的内容是固定的,用户不能创建新的类别。
> (3)选择部件时尽量选择恰当的分类,不同的分类有不同的技术数据,错误的分类会造成参数的错误设置。
> (4)必须正确地填写产品组。

2. 部件编号

部件库建立在数据库的基础上,在部件库中每条记录都有一个唯一的 ID,这个 ID 被称为部件编号。

PKZMC-2.5 的订货编号是"225389",所以根据部件编号规则,PKZMC-2.5 的部件编号是"MOE.225389"。在"部件编号"文本框内填写"MOE.225389",如图 5-26 所示。

> 注意:
> (1)部件编号(如前文提到的"MOE.225389"),一般由供货商的缩写,如穆勒 Moeller 缩写"MOE"、"."、该产品的订货编号(如"225389")构成。如果产品没有订货编号,则可以用型号替代订货编号。
> (2)必须填写部件编号。

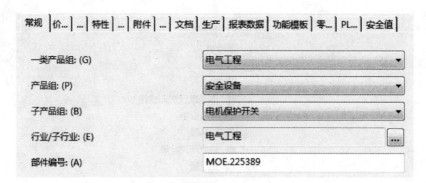

图 5-26　部件编号设置

3. 类型编号

在电气设计过程中,电气元件的型号是最常用的一个参数。在 EPLAN 部件管理中,用"类型编号"属性表示型号。

例如,当前部件的型号是"PKZMC-2.5",把型号"PKZMC-2.5"填写到部件"类型编号"文本框,如图 5-27 所示。

> 注意:
> "类型编号"就是我们常用的"型号",是设计部件时应该填写的。

4. 名称 1、名称 2、名称 3

在 EPLAN 部件属性中,有 3 个文本框表示部件的名称。在 EPLAN 标准 F01_001 表格中,表格"名称"项内容会显示部件属性"名称 1"的内容。

"PKZMC-2.5"的名称为"电机保护开关",将"电机保护开关"填写到"名称 1"文本框中,如图 5-27 所示。

图 5-27　部件类型编号和名称属性设置

> 注意:
> (1)"名称 1"一般会出现在报表"名称"列中,在编写"部件信息"时至少应填写"名称 1",EPLAN"部件列表"中 F1_001 的模板第三项使用的就是"名称 1"的属性。
> (2)"名称 1"是建议填写的部件属性。

5. 制造商和供应商

电气设计者可以分别在"制造商"和"供应商"文本框中直接填写制造商和供应商的名称。EPLAN 部件库提供了"制造商"和"供应商"的数据库信息,电气设计者可分别在"制造商"和"供应商"的下拉菜单中选择数据库中制造商和供应商的信息,如图 5-28 所示。

电气设计者可以在"部件管理"对话框中选择"树"标签,在该标签页选择"制造商/供应商",此时可以看见"MOE"公司信息,在这里可以新建并编辑"制造商/供应商"信息,如图 5-29 所示。

| 制造商: (U) | MOE | ... | Moeller |
| 供应商: (R) | MOE | ... | Moeller |

图 5-28　制造商和供应商属性设置

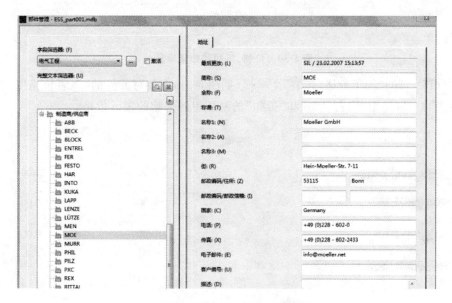

图 5-29　制造商/供应商属性编辑

注意：
(1)建议填写"制造商"。
(2)EPLAN"部件列表"中 F1_001 的模板第五项"供应商"使用的就是"制造商"的属性。

6.订货编号

订货编号是生产厂家为某一规格的产品设定的唯一代码,比"型号"或者自然语言的描述更为科学和准确。

EPLAN 常用制造商和订货编号的组合来表示产品的部件编号。

注意：
建议填写"订货编号"。

7.描述

描述信息因为文字信息比较多,一般不出现在报表中。描述主要的作用是在部件选型时给出一些简单的信息。

注意：
"描述"内容可不填写。

8.购买价格、数量和折扣

如果使用报表需要价格信息,可以在"价格/其他"对话框中的相应文本框内填写价格、数量和折扣,如图 5-30 所示。

注意：
此处"％"没有直接带入属性,如果希望使用折扣,如八五折,则此处应该填写"0.85％"。

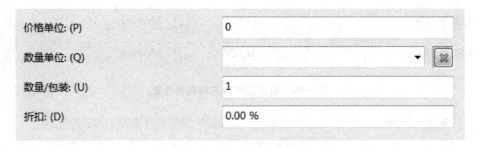

图 5-30 价格、折扣和数量设置处

可在"币种 1"的"购买价格/包装"文本框(见图 5-31)中填写部件的"列表价格"。在实际使用这些数据时可以使用"列表价格"和"折扣"的乘积得到采购的实际价格。

	币种1:	币种2:
购买价格/价格单位: (R)	0.00	0.00
购买价格/包装: (C)	0.00	0.00
销售价格: (S)	0.00	0.00
条形码编号/类型: (B)		

图 5-31 部件价格设置处

> 注意:部件的价格信息可不填写,如果需要填写部件的价格信息,则可在后期部件库维护中集中编辑部件的价格信息。

9. 安装数据

"安装数据"对话框中有以下数据可供入门者使用。

(1)"宽度"、"高度"和"深度"的信息(见图 5-32)会用在 2D 的安装板布局中,或者在 Pro Panel 的 3D 布局中为没有 3D 宏的部件提供外形信息。

(2)"图形宏"用来保存部件外形的信息,原理图中的部件外形可以保存为图形宏,部件库中的部件是通过"图形宏"文本框中的路径来指示的。

10. 技术数据

"技术数据"定义了部件的技术信息,如图 5-33 所示。入门者需要了解以下内容。

(1)"标识字母"文本框用于输入根据 IEC 81346 或者 IEC 61346 规定的设备标识符的标识字母,如"M"代表电机。

(2)EPLAN 要求 2D 宏和 3D 宏保存在不同的宏文件中,由此可确保 2D 用户在不必要的情况下无须访问众多的 3D 数据。

(3)"技术数据"标签页内"宏"文本框中建议保存 2D 数据和其他表达类型的宏文件。

(4)3D 宏文件建议保存到"安装数据"标签页中的图形宏列。

(5)在使用 3D 宏时,系统首先查找"安装数据"标签页内的图形宏文件,如果没有,则会使用"技术数据"标签页上指定的"技术部件宏"。

宏的使用顺序是先使用"安装数据宏"再使用"技术数据宏"。

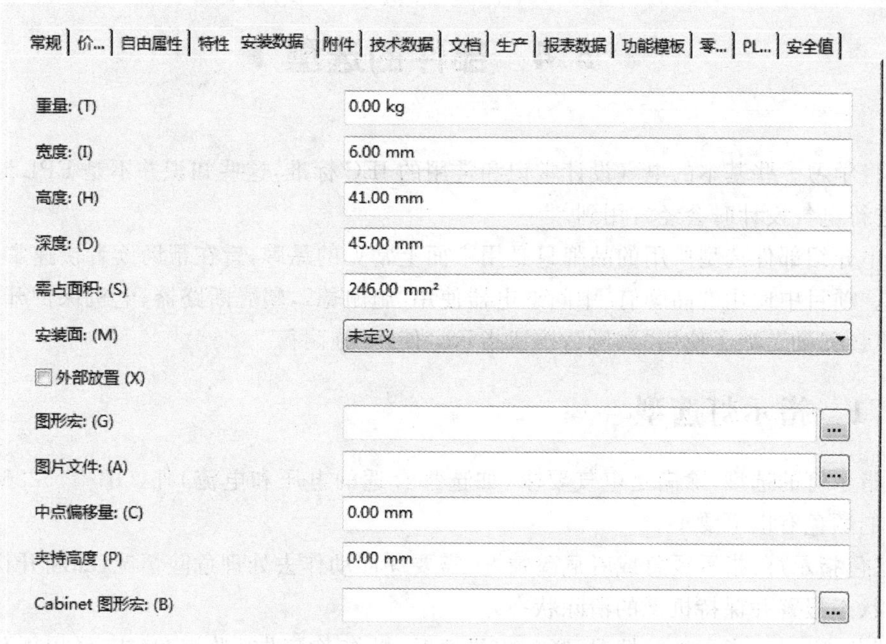

图 5-32　部件的安装数据标签页

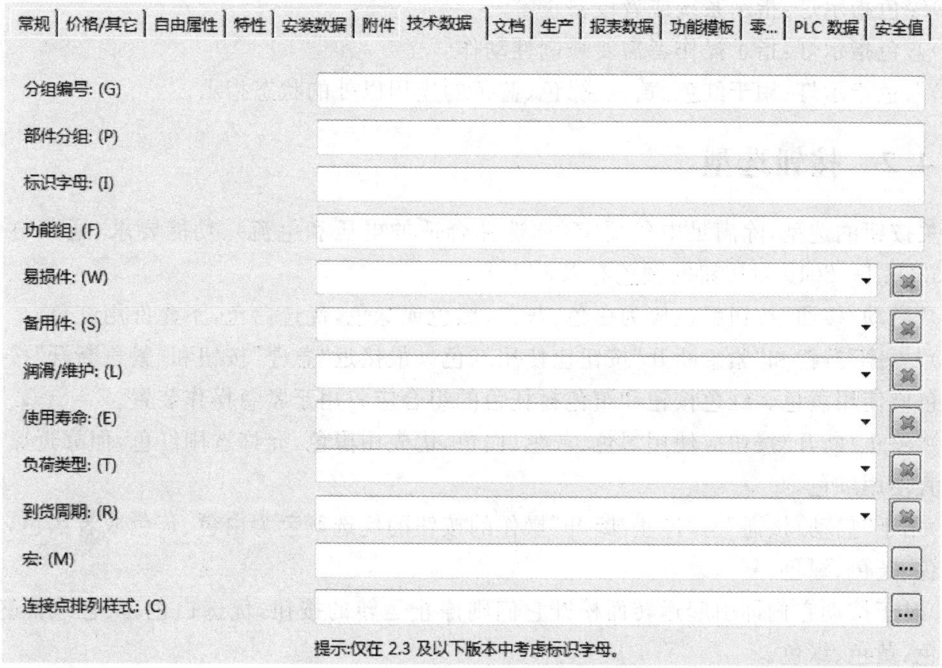

图 5-33　部件的技术数据标签页

注意：
Cabinet 宏已不再使用。

思　考　题

创建部件的具体流程是什么？

◀ 5.4　部件的选型 ▶

本节将学习一些基本的电气设计常识和常用的 IEC 标准,这些知识并不是 EPLAN 软件的内容,但进行电气设计时会经常用到。

本书中介绍部件选型所用的品牌只是用市面上常见的品牌,旨在帮助读者快速掌握部件的选型方法。项目中使用的品牌有:中间继电器使用"施耐德",塑壳断路器、电机保护开关和接触器使用"伊顿穆勒",端子使用"凤凰",按钮指示灯使用"施耐德"。

5.4.1　指示灯选型

有关指示灯的选型,除满足电气要求(如选择合适的电压和电流)外,GB/T 5226.1—2019 对指示灯的颜色有以下要求。

(1)红色指示灯:指示紧急或者危险情况,需要立即动作去处理危险情况(如断开机械电源,发出危险状态报警并保持机械的清除状态)。

(2)黄色指示灯:指示异常情况、紧急临界情况,操作者需进行监视和(或)做出干预(如重建需要的功能)。

(3)绿色指示灯:指示系统或者设备正常。

(4)蓝色指示灯:指示操作者需要强制性动作。

(5)白色指示灯:用于红色、黄色、绿色、蓝色的应用以外的状态指示。

5.4.2　按钮选型

有关按钮的选型,除满足电气要求(如选择合适的电压和电流)、功能要求(通断自锁)外,GB/T 5226.1—2019 对按钮的颜色有以下要求。

(1)"启动/接通"按钮颜色应为白色、灰色、黑色或绿色,优选白色,不允许用红色。

(2)"急停"按钮和"紧急断开"按钮应使用红色。最接近"急停"按钮和"紧急断开"按钮周围的衬托色应使用黄色。红色按钮和黄色衬托色的组合应只用于紧急操作装置。

(3)"停止/断开"按钮应使用黑色、灰色、白色,优先用黑色,允许选用红色,但靠近紧急操作器件不宜使用红色。

(4)用于"启动/接通"与"停止/断开"操作的按钮的优选颜色为白色、灰色或者黑色,不允许使用红色、黄色、绿色。

(5)对于按动它们即引起运转而松开它们则停止运转的按钮,优选白色、灰色或黑色,不允许用红色、黄色、绿色。

(6)"复位"按钮应为蓝色、白色、灰色或黑色。如果"复位"按钮还用作"停止/断开"按钮,最好使用白色、灰色或黑色,优选选用黑色,不允许用绿色。

(7)黄色供异常条件使用,如用于异常加工情况或自动循环中断事件中。

(8)对于不同功能使用相同颜色白色、灰色或黑色的场合,应使用辅助编码方法识别按钮。

查按钮样本,结果如图 5-34 所示。

"—S1"用于系统的启动,选择绿色常开按钮 NP2-EA31。

"—S2"用于系统的停止,选择红色常闭按钮 NP2-EA42。

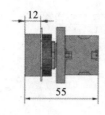

NP2–EA21	黑, 1常开
NP2–EA31	绿, 1常开
NP2–EA42	红, 1常闭
NP2–EA51	黄, 1常开
NP2–EA61	蓝, 1常开
NP2–EA25	黑, 1常开+1常闭
NP2–EA35	绿, 1常开+1常闭
NP2–EA45	红, 1常开+1常闭

图 5-34　按钮样本

5.4.3　断路器选型

总电源断路器"-Q1"选型需按照以下步骤进行。

(1)根据负载确定断路器的额定电流。

(2)根据断路器需要保护的设备确定断路器的保护曲线。

(3)根据上级电源容量、上级断路器和供电进线阻抗确定断路器的分断能力。

(4)根据控制功能选配辅助触点、手柄等附件。

1. 额定电流

图纸中设计有 1 个用于驱动的伺服电机,1 kW 电机的额定电流为 9 A,0.6 kW 开关电源的额定电流为 1 A。

断路器工作的额定电流需大于 10 A,在此选择 16 A 作为断路器的额定电流。

2. 保护曲线

伺服驱动器中装有电子式热继电器,用以对伺服电机和伺服驱动器进行过载保护,伺服电机的保护曲线如图 5-35 所示。伺服电机的抗超载能力强,所以对于断路器,应选择与伺服电机的保护曲线接近的 C 曲线。

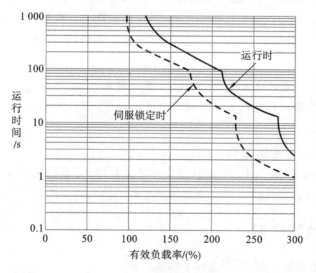

图 5-35　伺服电机的保护曲线

以施耐德产品为例,总电源断路器"-Q1"可以考虑使用 2P 微型断路器 C65N-C16,选择 C 曲线,如图 5-36 所示,在超过 5～10 倍的额定电流时,它会瞬时动作。"-QF1"选 C65N-C10,"-QF2"选 C65N-C4。

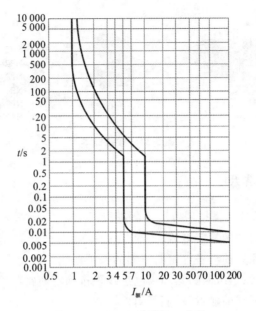

图 5-36   微型断路器的 C 曲线

3. 分断能力

是使用低成本微型断路器还是使用价格较高的塑壳断路器甚至是昂贵的空气断路器，需要考虑分断能力。

通俗来说，分断能力就是当保护回路内发生了短路情况时，保护装置实施保护动作的能力。

发生短路时，短路电流与电源电压、电源内阻、线路阻抗和短路段接触电阻有关。如果需要保护的设备距离电源比较近（线路阻抗小），电源端容量比较大（内阻小），则发生短路时短路电流就会很大，此时需要用成本比较高、性能比较好的设备去切断短路回路。

相反，如果需要保护的设备距离电源比较远（线路阻抗大），电源端容量比较小（内阻大），则发生短路时短路电流不是很大，此时一些简单、低成本的断路器就可以切断短路回路。

> 注意：
>
> 一般下级断路器的额定电流小于上级断路器的额定电流，下级断路器的保护等级和分断能力也低于上级断路器。如果无法实现短路电流的计算，那么可以参考上级断路器的分断能力选择下级断路器。

一般微型断路器的分断能力是 6 kA。

如果短路电流不大于 10 kA，则"−10Q0"可以选用 PL10 系列微型断路器。如果短路电流大于 10 kA，则断路器必须从保护等级更高的塑壳断路器和空气断路器中去选择。

5.4.4   接触器选型

接触器的选型相对简单，需要考虑以下因素。

(1)触点容量。

(2)触点数量。

(3)控制线圈电气参数。

"−M1"电机功率为 1 kW，额定电流为 9 A；"−V1"功率为 0.6 kW，额定电流为 1 A。

大触点容量接触器的成本要高于小触点容量接触器的成本。如果成本差别不大，则考虑到采购、备件的原因,一般应使同一套系统中接触器品种规格尽量少。

有关触点数量,在回路中除了使用两组主触点外,还要使用一组辅助触点,用以显示状态。

控制线圈的要求为:220 V AC,50 Hz。

根据以上技术要求,查找施耐德产品样品,如图 5-37 所示,项目"EPLANCLASS"中"－KM1"选择型号为 LC1D12(220～230 V/50 Hz)的接触器,2 个接触器本体都带有 4 个主触点,以及 1 个常闭辅助触点和 1 个常开辅助触点。

额定工作电流	Ie max AC-3 (Ue ≤ 440 V)	9A	12A	18A	25A	32A	38A
	Ie AC-1(θ ≤ 60℃)	20/25A	20/25A	25/32A	25/40A	50A	50A
额定工作电压		690 V					
极数		3 或 4	3 或 4	3 或 4	3 或 4	3	3
额定工作功率 AC-3 类	220/240 V	2.2kW	3kW	4kW	5.5kW	7.5kW	9kW
	380/400 V	4kW	5.5kW	7.5kW	11kW	15kW	18.5kW
	415/440 V	4kW	5.5kW	9kW	11kW	15kW	18.5kW
	500 V	5.5kW	7.5kW	10kW	15kW	18.5kW	18.5kW
	660/690 V	5.5kW	7.5kW	10kW	15kW	18.5kW	18.5kW
	1000 V						
辅助触点		接触器内置 1 个常闭和 1 个常开联动辅助触点,可添加全系列的通用附加模块,最多构成 4 个 N/C					
适用手动-过载继电器	10A 等级	0.10...10A	0.10...13A	0.10...18A	0.10...32A	0.10...38A	0.10...38A
浪涌抑制模块 (直流和低功耗接触 器标准内置有浪涌抑 制模块)	变阻器	●	●	●	●	●	●
	二极管	—	—	—	—	—	—
	RC 电路	●	●	●	●	●	●
	峰值双向限流二极管	—	—	—	—	—	—
接口	继电器	●	●	●	●	●	●
	继电器＋过载功能	—	—	—	—	—	—
	固态继电器	—	—	—	—	—	—
接触器型号	～或＝3极 (1)	LC1D09	LC1D12	LC1D18	LC1D25	LC1D32	LC1D38
	～4极 (2)	LC1DT20/	LC1DT25/	LC1DT32	LC1DT40/	—	—
	＝4极 (2)	LC1D098	LC1D128	LC1D188	LC1D258	—	—

图 5-37 施耐德接触器参数

注意:
(1)工程师习惯使用字母"K"作为继电器的标识字母,使用字母组合"KM"代表接触器。
(2)GB/T 5094(等同于 IEC 61346)和 IEC 81346 对接触器标识字母的定义为"Q",如果图纸要求使用 GB/T 5094、IEC 61346 和 IEC 81346 标准,则要注意标识字母的变化。
(3)EPLAN 可以通过选择"工具"＞"主数据"＞"标识字母"菜单项来查看不同标准对标识字母的定义。
(4)EPLAN 提供的标识字母可以通过菜单查看。

5.4.5 端子选型

线从柜体外接入柜体里或从柜体里接入到柜体外,一般都通过端子中转。为避免反复的接线操作对 PLC 本体的损坏,PLC 的输入/输出端口一般先接到一个端子排上,再将线接到各个元器件上。

选择"插入"＞"符号"＞"IEC_symbol"＞"电气工程"＞"端子和插头",选择"端子,2 个连接头,无鞍形跳线",在画图区域的连接上选择一点,弹出"属性(元件):端子"对话框(见图 5-38),在"显示设备标识符"文本框中输入"－X2",单击"确定"按钮,退出对话框,端子符号插入连接线。此时,端子的图标还附着在光标上,可以继续在旁边的连接线上插入端子符号,结果如图 5-39所示。

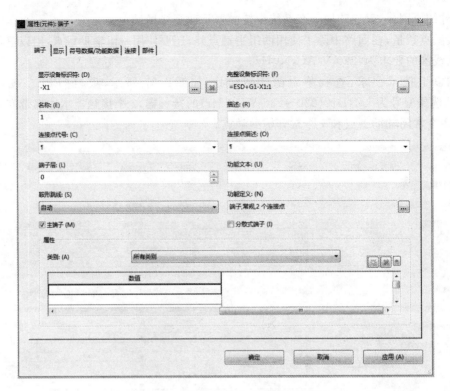

图 5-38 "属性(元件):端子"对话框

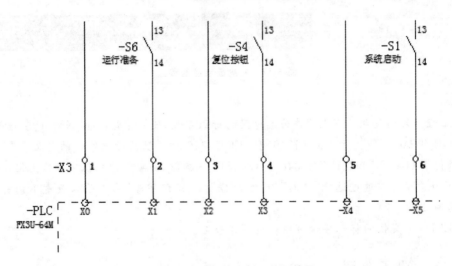

图 5-39 在连接线上插入端子符号

端子选型需要考虑以下因素。

(1)端子形式:使用螺钉端子还是选用弹簧端子,进线、出线分别有几个连接点,是否有鞍形跳线。

(2)接线线径:对端子定义了进线和出线的线径,一般软线和硬线的线径是不同的。

(3)端子附件:做端子部分设计时,在生产层面,应该考虑端子使用的标号、标牌、导轨、固定件等附件。如果只是原理图设计,则相关附件的选择也可由电柜厂完成。

项目"EPLANCLASS"中,端子选用弹簧端子,主电源断路器"一Q1"的容量为 25 A,可以选择 ST6 弹簧端子。

注意：

(1)选择端子时要考虑不同端子的功能和分色。

(2)接地端子 PE 接线连接点会通过端子内部金属和端子导轨连通到安装板上。

(3)接地端子用黄色和绿色混合进行标识。

(4)中线 N 用蓝色进行标识，中线端子也要求使用蓝色。

普通 ST4 端子选择 3031487，PE 端子选择 3031500。普通端子如图 5-40 所示。

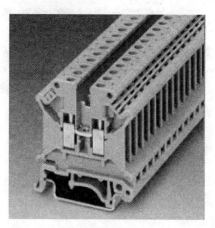

图 5-40　普通端子

为项目"EPLANCLASS"分配端子的具体操作如下。

选择"项目数据"＞"端子排"＞"导航器"菜单项，弹出"端子排"导航器。

单击"－X2"，展开端子排，用鼠标单击"－X2"的"1、2"，右击选中端子，弹出快捷菜单，选择"属性"，进入"属性（元件）：端子"对话框。进入"部件"标签页，进行部件选择。单击"部件编号"，查找 ST6，单击选择 3031487 端子，如图 5-41 所示，单击"确定"按钮，完成部件选择，并回

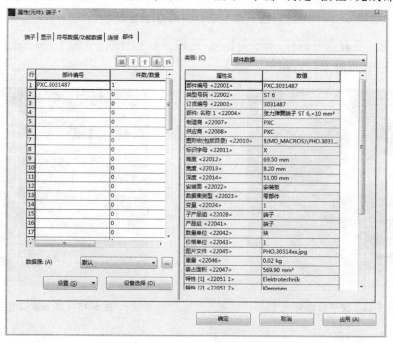

图 5-41　"－X2"普通端子选型

到"属性(元件):端子"对话框。

单击"确定"按钮,回到"端子排"导航器,所选择编辑的端子符号显示为已完成(三角形+方形),如图5-42所示。

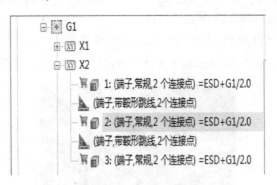

图 5-42 完成"—X2"普通端子选型

按照普通端子选型方法,完成"—X2:3"选型,结果为"PXC.3031500",完成结果图如图5-43所示。

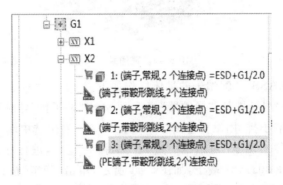

图 5-43 完成"—X2:3"选型

每个端子排还要有以下附件:端子排标号(见图5-44),导轨(见图5-45),端子固定件(见图5-46),快速标记条(见图5-47),端板。

图 5-44 端子排标号

图 5-45 35 mm 安装导轨

图 5-46　端子固定件

图 5-47　快速标记条

注意：

端子排的附件可以在"端子排"导航器中生成端子排对象,进而利用生成的端子排对象设计与附件对应的部件。

5.4.6　导线选择

电气设计者在为电气设备选择导线时,不但要按标准选定导线的规格和颜色,还要根据使用情况选择正确的导线线径。

导线和电缆有多种敷设情况,导线的载流除了和导线的截面积有关外,还受到导线敷设的影响,GB/T 5226 将导线的敷设方法为 B1、B2、C 和 E 四种,如图 5-48 所示。

(a)装在导线管和电缆通道系统中的导线/单芯电缆（B1）

(b)装在导线管和电缆通道系统中的电缆（B2）

(c) 壁侧悬装的电缆（C）

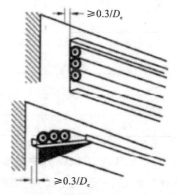

(d) 装在开式电缆托架上的电缆（E）

图 5-48　不受导线/电缆数量限制的导线和电缆安装方法

方法 B1:用导线管和电缆管道装置放置和保护导线或单芯电缆。

方法 B2:同 B1,但多用于多芯电缆。

方法 C:在自由空间安装的多芯电缆,水平或垂直悬装壁侧,电缆之间无间隙。

方法 E:在自由空间安装的多芯电缆,水平或垂直装在开式电缆托架上。

在计算电柜内部导线的载流量时,可以采用 C 敷设方法。稳态条件下环境温度 40 ℃时,采用不同敷设方法的 PVC 绝缘铜导线或电缆的载流容量如表 5-1 所示。

表 5-1　稳态条件下环境温度 40 ℃时,采用不同敷设方法的 PVC 绝缘铜导线或电缆的载流容量

截面积/mm²	敷 设 方 法			
	B1	B2	C	E
	三相电路用载流容量/A			
0.75	8.6	8.5	9.8	10.4
1.0	10.3	10.1	11.7	12.4
1.5	13.5	13.1	15.2	16.1
2.5	18.3	17.4	21	22
4	24	23	28	30
6	31	30	36	37
10	44	40	50	52
16	59	54	66	70
25	77	70	84	88
35	96	86	104	110
50	117	103	125	133
75	149	130	160	171
95	180	156	194	207
120	208	179	225	240

在计算载流量时,还需要参考负载导线或线对数对载流量的影响。10 mm² 及以下多芯电缆减额系数如表 5-2 所示。

表 5-2　10 mm² 及以下多芯电缆减额系数

负载导线或线对数	导线(>1 mm²)	线对(0.25~0.75 mm²)
1	—	1.0
3	1.0	—
5	0.75	0.39
7	0.65	0.3
10	0.55	0.29
24	0.40	0.21

对项目"EPLANCLASS"中的导线进行定义,具体操作如下。

选择"插入">"连接定义点"菜单项,连接定义点符号跟随光标移动,EPLAN 默认"连接定义点"符号是 CDPNG2,为隐含,第一次使用时需要修改为 CDP 符号。

在连接定义点符号跟随光标移动时按下 Backspace 键,进入"符号选择"对话框,单击 CDP,以后再次使用将默认使用 CDP 符号,单击"确定"按钮,完成符号选择。

移动鼠标,在"-10X0:1"上方导线单击鼠标,弹出"属性(元件):连接定义点"对话框,如图 5-49 所示。

在"属性(元件):连接定义点"对话框定义导线的线径(截面积/直径)和颜色等基本信息,如图 5-49 所示。

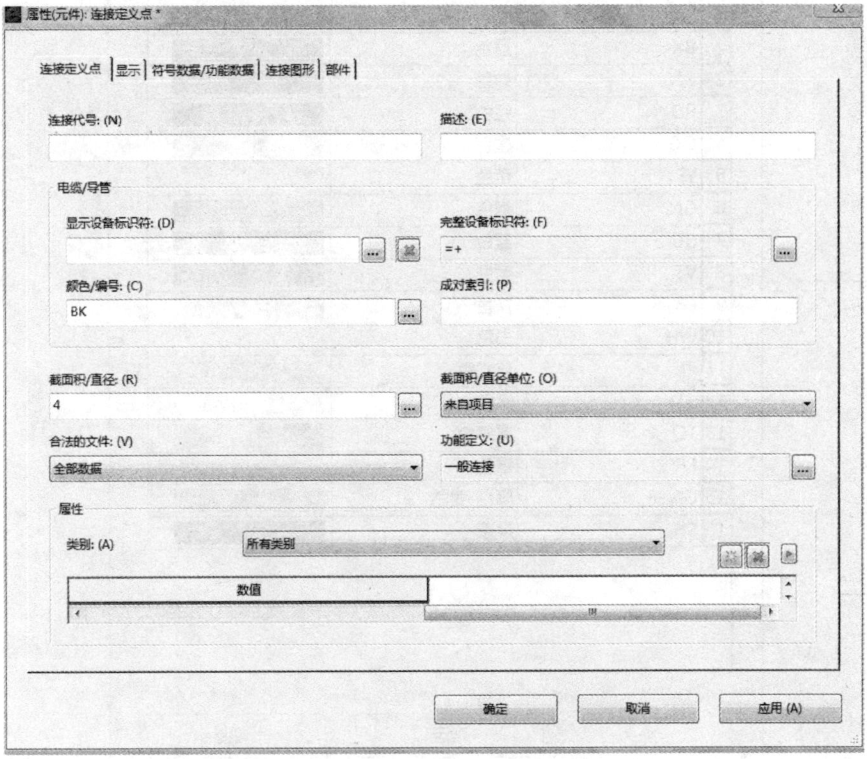

图 5-49 连接定义点设置

线径:塑壳断路器的额定电流为 25 A,由表 5-1 查到 4 mm² 导线可以满足要求。

颜色选择:单击"颜色/编号"文本框后的"…"按钮,根据 IEC 要求选择动力线颜色为黑色,如图 5-50 所示。

按上述方法定义其余导线。

> 注意:
> EPLAN 除了支持从"位置面"和"产品面"描述电气连接点外,也支持使用"线号"对电气连接点进行描述。在"属性(元件):连接定义点"对话框中,"连接代号"可以作为常用的"线号"使用。

GB/T 5226.1—2019 对保护导线的约定如下。

第一,从颜色约定保护导线:采用专用色标"黄绿"。

第二,从形状位置和结构约定保护导线:可在端头或易接近的位置上标识或者用黄/绿组合标记。

GB/T 5226.1—2019 对中线的约定如下。

使用不饱和蓝色"浅蓝"作为唯一颜色标识中线。EPLAN 中,用"TQ"标注中线(EPLAN中对"TQ"的中文描述是"青绿色")。

GB/T 5226.1—2019 对使用颜色标识导线的约定如下。当使用颜色代码标识导线时,建议使用下列颜色代码:黑色 BK,交流和直流动力电路;红色 RD,交流控制电路;蓝色 BU,直流控制电路;橙色 OG,GB/T 5226.1—2019 中的 5.3.5 例外电路。

连接颜色

行	颜色编码	颜色名称	布局空间中的颜色
1	BK	黑色	
2	BN	棕色	
3	RD	红色	
4	OG	橙色	
5	YE	黄色	
6	GN	绿色	
7	BU	蓝色	
8	VT	紫色	
9	GY	灰色	
10	WH	白色	
11	PK	粉红色	
12	GD	金色	
13	TQ	青绿色	
14	SR	银色	
15	GNYE	绿色/黄色	
16	SH	屏蔽	

确定　　　取消

图 5-50　设置导线的颜色

这里提到的例外电路是指不报警电源切断开关切断的回路,有以下几种:维修时需要的照明电路;供给维修工具和设备(如手电钻、试验设备)专用连接的插头/插座电路;仅用于电源故障时自动脱扣的欠压保护电路;为满足操作要求,宜经常保持通电的设备电源电路(如温度控制测量器件、加工中的产品加热器、程序存储器件)。

导线绘制的结果如图 5-51 所示。

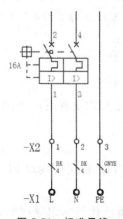

图 5-51　标准导线

EPLAN 提供了连接导航器,方便从整个项目来编辑和检查连接。

选择"项目数据">"连接">"导航器"菜单项,打开连接导航器,如图 5-52 所示,可以通过配置连接导航器查看连接的其他属性,如连接的颜色。

单击连接导航器中"数值"文本框后的三角按钮,弹出快捷菜单,选择"配置显示",弹出"配置显示"对话框,勾选"连接颜色或连接编号〈31004〉",如图 5-53 所示。

单击"确定"按钮,完成"连接"的配置显示设置,如图 5-54 所示。

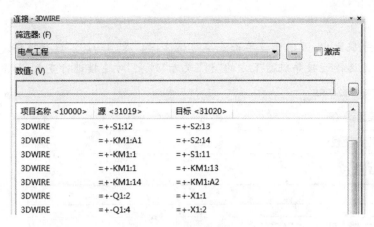

图 5-52　连接导航器

图 5-53　连接的配置显示设置

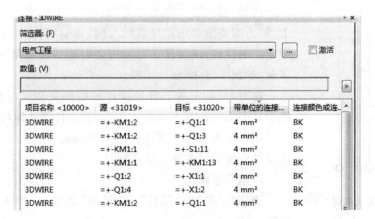

图 5-54　显示导线的颜色和线径

注意:

(1)在连接导航器中,可以通过单击连接的属性,如"源〈31019〉"进行排序。

(2)可以通过选择连接导航器下方的"树"或者"列表"对连接进行查看,如图 5-55 所示。

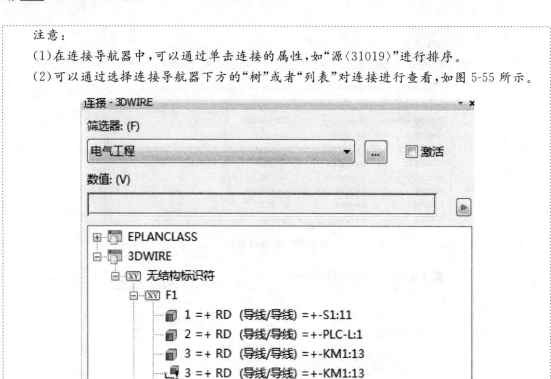

图 5-55　连接的"树"形显示

5.4.7　电缆设计

项目"EPLANCLASS"中一共使用了以下 3 组电缆。

(1)外部电源供电到电柜"+G1"的动力电缆"-W0"。

(2)电柜"+G1"到现场"-M1"电机的电缆"-W1"。

(3)电柜"+G1"到现场传感器、执行件电机的电缆"-W2"。

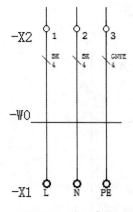

图 5-56　定义电缆

1. 定义电缆

选择"插入">"电缆定义"菜单项,电缆定义符号附着在光标上,单击需要定义电路导线的左侧,移动鼠标,绘制一条以该点为固定点的线段,线段覆盖需要定义电缆线段后再次单击完成电缆定义,如图 5-56 所示。

此时,只是在基于符号设计的层面完成了电缆设计,如果图纸设计不关注外部电路的施工,电缆设计到此即可。

如果需要按照图纸进行电缆的采购、生产、安装,则还要在基于部件设计的层面深化电缆设计。

2. 编写电缆部件

选择"工具">"部件">"管理"菜单项,进入"部件管理"对话框。

单击"树"标签,可以以"树"的形式查看部件库部件,在"电气工程">"零部件"上右击鼠标,弹出快捷菜单,选择"新建",在"零部件">"未定义"下出现"新建_1"部件,如图 5-57 所示。

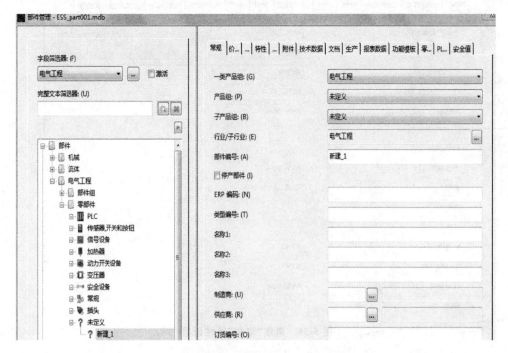

图 5-57 新建部件(二)

在"常规"标签页中填写定义电缆需要的信息。

(1)"+G1"电柜需要 4 mm² 的进线,选择聚氯乙烯绝缘护套 5 芯,每芯 4 mm² 的电缆"RVV-5G4"。

(2)"一类产品组"选择"电气工程"。

(3)"产品组"选择"电缆"。

(4)"子产品组"选择"未定义"。

(5)"部件编号"填写"RVV-5G4"。

(6)"类型编号"填写"RVV-5G4"。

(7)"名称 1"填写"电缆,RVV-5G4"。

(8)"订货编号"填写"RVV-5G4"。

(9)根据实际情况填写"制造商"和"供应商"。

填写完成后如图 5-58 所示。

在"技术数据"标签页中,"标识字母"填写"W"。

在"功能模板"标签页中,"符号库"填写"IEC_SYMBOL","设备选择(功能模板)"填写电缆的定义和每芯导线的技术数据,如图 5-59 所示。

单击"确定"按钮,完成 RVV-5G4 电缆部件的建立。

> 注意:
> "电位类型"要正确填写,需要与图纸中定义的电位类型匹配,否则无法正确地分配电缆芯线。

3. 基于部件的电缆设计

双击图纸上的"-W0",弹出"属性(元件):电缆"对话框,单击"部件"标签,进行部件选择。

在"部件编号"表格内单击"…"按钮,选择 RVV-5G4 电缆,单击"确定"按钮,回到电缆导航

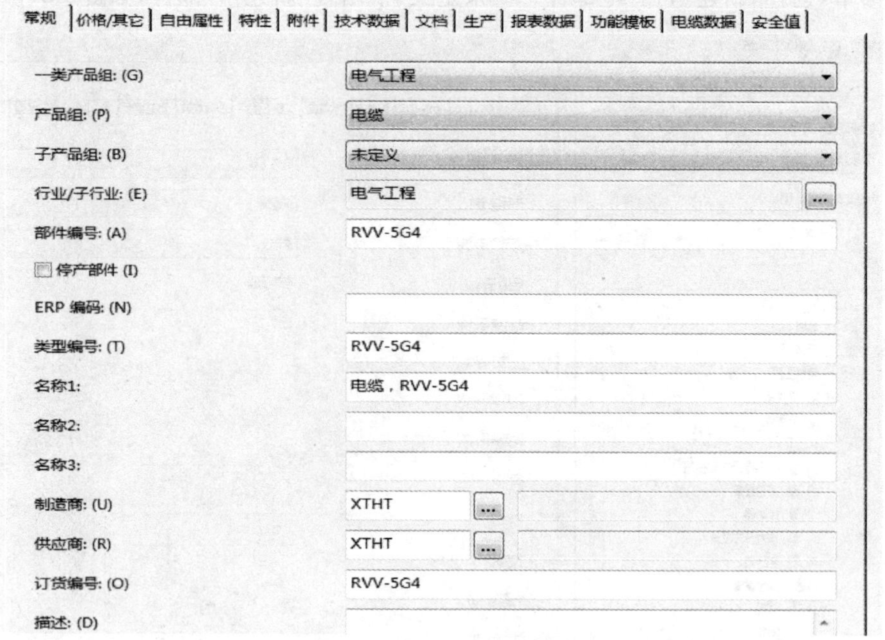

图 5-58　电缆"常规"属性设置

图 5-59　电缆"功能模板"属性设置

器窗口,在进行部件设计后,电缆导航器窗口增加了 RVV-5G4 功能模板设计的内容。

注意:

(1)小三角形符号" "表示部件设计具备的功能,该功能还未与图纸的符号结合。

(2)小立方体符号" "表示原理图设计的内容,该内容还未分配部件功能。

(3)小三角和小立方结合符号" "表示经过了部件设计的设备。

分别拖拽"1""2""L""N""PE"五个电缆的功能模板到图纸"—W0"电缆芯线上,完成电缆芯线分配,结果如图 5-60 所示。

4.完善电缆参数

如果有电缆的长度等信息,如"—W0"电缆的长度是 10 m,则可以双击"—W0",进入"属性

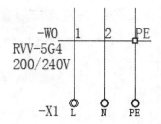

图 5-60 完成电缆分配

（元件）：电缆"对话框，在"长度"文本框中填写"10"。

按上述为"－W0"分配电缆的方法为"－W1"分配电缆"RVV-4G4"，为"－W2"分配电缆"RVV-4G2.5"。

5.4.8 未出现在图纸中的部件设计

设计图纸时会出现一些部件，这些部件没有明显的电气连接，没有必要绘制在图纸中，但是通过图纸生成的报表又需要这些部件，以提供给采购部门或进行成本核算，如电柜的柜体、进线的挡板或者用户要求的防雨罩。出现这种情况时有两种解决方法：①在相关图纸页绘制"黑盒"，在部件库中查找这个部件并对该"黑盒"定义这个部件；②在相关图纸页插入"部件定义点"，对该"部件定义点"设定部件编号并进行部件设计。

选择"插入"＞"部件定义点"菜单项，"部件定义点"符号附着在光标上，移动鼠标，单击，弹出"属性（元件）：部件定义点"对话框，在该对话框"显示设备标识符"文本框内填写"－U0"，如图 5-61 所示。

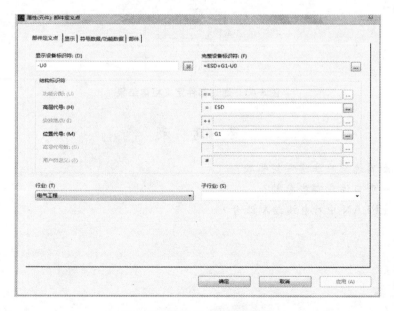

图 5-61 部件定义点属性设置

单击"部件"标签，在该标签页选择部件作为"＋G1"的箱体，如图 5-62 所示。最终结果如图 5-63 所示。

图 5-62 选择部件作为"G1"的箱体

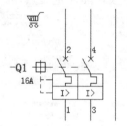

图 5-63 通过部件定义柜体结果

思　考　题

1. 交流接触器选型应注意哪些参数?

2. 断路器选型应注意哪些参数?

3. 如何在 EPLAN 中对电缆绘制线号?

第6章
项目实例 PLC 控制回路原理图绘制

　　本章主要讲述如何绘制项目实例 PLC 控制回路原理图,在学习绘制 PLC 控制回路之前,我们必须掌握以下基础知识。

　　1.基于板卡的模块化 PLC 设计。

　　2.基于地址点的一体化 PLC 设计。

◀ 6.1 PLC模块化设计 ▶

6.1.1 PLC布局

PLC系统选取比较常用的西门子S7-300 PLC系统。

有关PLC在EPLAN中使用的知识点很多,这些知识点更多的是方便EPLAN在高端场合应用,在图纸设计阶段用"黑盒"的概念去理解PLC即可。"PLC盒子"只是比"黑盒"多了地址的信息,这样更便于初学者理解。

与PLC相关的模块全部由"PLC盒子"构成。EPLAN定义可以在图纸中放置以下与PLC相关的内容。

(1)PLC盒子。

(2)PLC连接点(数字量输入)。

(3)PLC连接点(数字量输出)。

(4)PLC连接点(模拟量输入)。

(5)PLC连接点(模拟量输出)。

(6)PLC卡电源。

(7)PLC连接点电源。

(8)总线端口。

可以多页设计同一个PLC模块,也就是说,某一个PLC模块可以拆分成很多个小的PLC盒子,放在一页或者多页内,这在方便绘图的同时会出现一个问题,即相同设备标识符标识相同的设备,但是一定会有一个实现"主功能"的设备。

任何一个功能都可以定义为主功能,但是只能有一个主功能。为避免重复定义主功能,一般建议在PLC布局图中绘制"PLC盒子"并定义将布局图中的PLC盒子作为"主功能"设备,其他图纸区一般不做定义。

1.布局图的作用

PLC布局图不但说明各个PLC模块的主功能,还对整个PLC结构和组态有一个整体的描述。

2.PLC系统的构成

为了方便读者了解PLC模块化的设计方法,以西门子S7-300 PLC为例,选择常用的模块搭建具有数字量输入/输出、模拟量输入/输出的PLC系统。具体模块如下。

(1)导轨:SIE. 6ES7 390-1AE80-0AA0。

(2)电源模块:SIE. 6ES7 307-1EA00-0AA0。

(3)CPU:SIE. 6ES7 315-2AG10-0AB0。

(4)存储卡:SIE. 6ES7 953-8LJ20-0AA0。

(5)Probus DP接头:SIE. 6ES7 972-0BA12-0XA0。

(6)Probus DP电缆:SIE. 6XV1 830-3EH10。

(7)数字量输入模块:SIE. 6ES7 321-1BH02-0AA0。

(8)20针前连接器:SIE. 6ES7 392-1AJ00-0AA0。

(9)数字量输出模块:SIE.6ES7 322-1BH01-0AA0。

(10)针前连接器:SIE.6ES7 392-1AJ00-0AA0。

(11)模拟量输入模块:SIE.6ES7 331-7KF02-0AB0。

(12)20 针前连接器:SIE.6ES7 392-1AJ00-0AA0。

(13)模拟量输出模块:SIE.6ES7 332-5HD01-0AB0。

3. PLC 布局图的绘制

新建项目"CHP06",新建页"/1","页描述"为"PLC 布局图"。

4. 布局图的简单画法

1)电源

选择"插入">"盒子/连接点/安装板">"黑盒"菜单项,"黑盒"符号附着在光标上,移动鼠标至第一点,单击放置位置,移动鼠标到第二点,单击鼠标,放置结束,弹出"属性(元件):黑盒"对话框。

在"属性(元件):黑盒"对话框"黑盒"标签页单击"显示设备标识符"的文本框中输入"−25T1",如图 6-1 的所示。

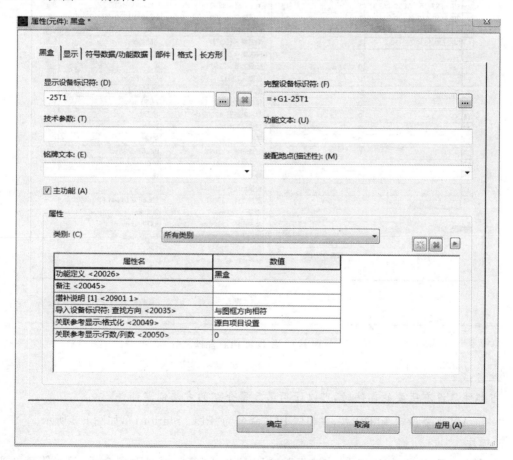

图 6-1 PLC 电源的简单表示

2)CPU

选择"插入">"盒子/连接点/安装板">"PLC 盒子"菜单项,"PLC 盒子"符号附着在光标上,移动鼠标至第一点,单击放置位置,移动鼠标到第二点,单击鼠标,放置结束,弹出"属性(元件):PLC 盒子"对话框。

在"属性（元件）：PLC 盒子"对话框"PLC 盒子"标签页将"显示设备标识符"修改为
"－50A0"，单击"部件"标签，为"－50A0"分配以下部件。

(1)导轨：SIE.6ES7 390-1AE80-0AA0。

(2)CPU：SIE.6ES7 315-2AG10-0AB0。

(3)存储卡：SIE.6ES7 953-8LJ20-0AA0。

(4)Probus DP 接头：SIE.6ES7 972-0BA12-0XA0。

(5)Probus DP 电缆：SIE.6XV1830-3EH10。

分配完成后如图 6-2 所示。

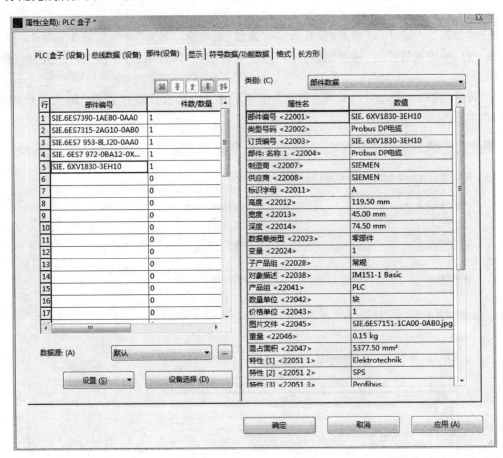

图 6-2　简单的 PLC 部件

注意：
当部件库没有所要的部件时，可以使用第 5 章介绍的方法创建部件。

"－50A0"需要设定为"CPU"，并将"CPU"命名为"PLC_Station1"，如图 6-3 所示。

3)模块

选择"插入"＞"盒子/连接点/安装板"＞"PLC 盒子"菜单项，"PLC 盒子"符号附着在光标
上，移动鼠标至第一点，单击放置位置，移动鼠标到第二点，单击鼠标，放置结束，弹出"属性（元
件）：PLC 盒子"对话框。

在"属性（元件）：PLC 盒子"对话框"PLC 盒子"标签页将"显示设备标识符"修改为
"－50A1"，单击"部件"标签，为"－50A1"分配以下部件。

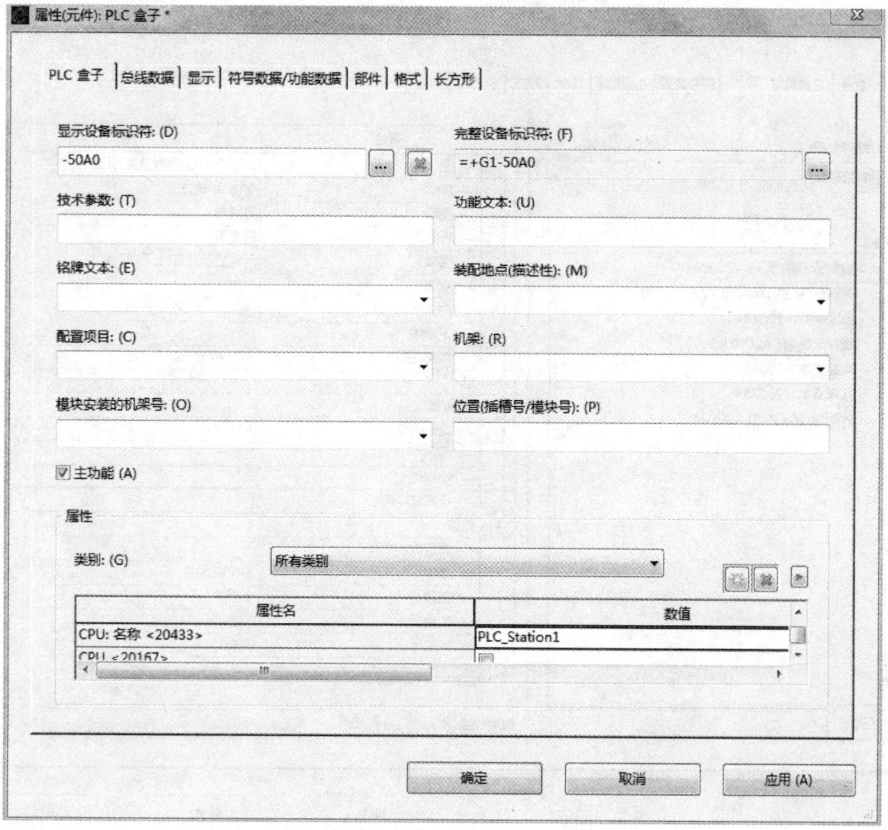

图 6-3 "PLC 盒子"属性设置

(1)数字量输入模块：SIE.6ES7 321-1BH02-0AA0。

(2)20 针前连接器：SIE.6ES7 392-1AJ00-0AA0。

用相同的方法分别为"—50A2""—50A3""—50A4"分配模块。

"—50A2"：

(1)数字量输出模块：SIE.6ES7 322-1BH01-0AA0。

(2)针前连接器：SIE.6ES7 392-1AJ00-0AA0。

"—50A3"：

(1)模拟量输入模块：SIE.6ES7 331-7KF02-0AB0。

(2)20 针前连接器：SIE.6ES7 392-1AJ00-0AA0。

"—50A4"：

(1)模拟量输出模块：SIE.6ES7 332-5HD01-0AB0。

(2)20 针前连接器：SIE.6ES7 392-1AJ00-0AA0。

4)修改标识显示位置

由于"设备标识符"显示在设备左侧,当两个设备并排时,"设备标识符"会和其他设备重合,所以需要修改"设备标识符"的显示位置。全部选中本页设备,右键打开快捷菜单,单击"属性"。在弹出的"对象选择"对话框中选择"PLC 盒子",单击"确定"按钮,在弹出的"属性(元件)：PLC 盒子"对话框"显示"标签页中单击第一行"设备标识符(显示)〈2090〉",在右侧属性列"位置"处选择"上居中","X 坐标"和"Y 坐标"均填写"0.0 mm",如图 6-4 所示。

完成调整后如图 6-5 所示。

图 6-4　调整设备标识符显示位置

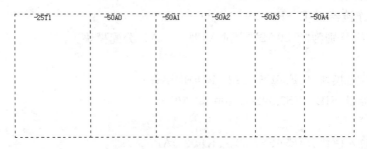

图 6-5　简单的 PLC 布局图

从 EPLAN 电气设计角度看,"黑盒"和"PLC 盒子"表达的电气设计信息已经满足设计要求,从图纸美观和看图的角度出发,可以在页设计的"黑盒"和"PLC 盒子"内部绘制图形方面的一些内容。

有产品厂家将产品的图形或者图片绘制到"黑盒"和"PLC 盒子"上,并保存为"图形宏"供用户使用。

6.1.2　PLC 及模块供电

新建页"/2","页描述"为"PLC 及模块供电"。

EPLAN 支持的供电方式有以下 2 种:第一种是 PLC 卡电源( ),PLC 作为用电设备从外部得到电力的电源接口;第二种是 PLC 电源(⚛),PLC 提供电源给其他模块或者传感器的电源接口。

"－50A0"的电源接线端"L＋"的绘制步骤如下。

(1)双击"/2",进入 2 页。

(2)选择"插入"＞"符号"菜单项,弹出"符号选择"对话框,选择"PLC_CBOX"符号,如图6-6所示。

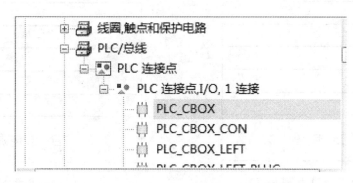

图 6-6 选择"PLC-CBOX"符号

(3)单击"确定"按钮,"PLC 连接点,I/O,1 连接"符号附着在光标上,移动鼠标,单击放置位置,弹出"属性(元件):PLC 端口及总线端口"对话框。

(4)在"属性(元件):PLC 端口及总线端口"对话框"显示设备标识符"文本框内填写"－50A0"(如果在 PLC 部件库中定义了对应连接点的功能模板,则此处可以直接选择"－50A0")。

(5)在"连接点代号"文本框内填写"L＋"。

(6)在"功能定义"文本框内填写"PLC 连接点,PLC 卡电源(＋)"。

填写完成的"属性(元件):PLC 端口及总线端口"对话框如图6-7 所示。

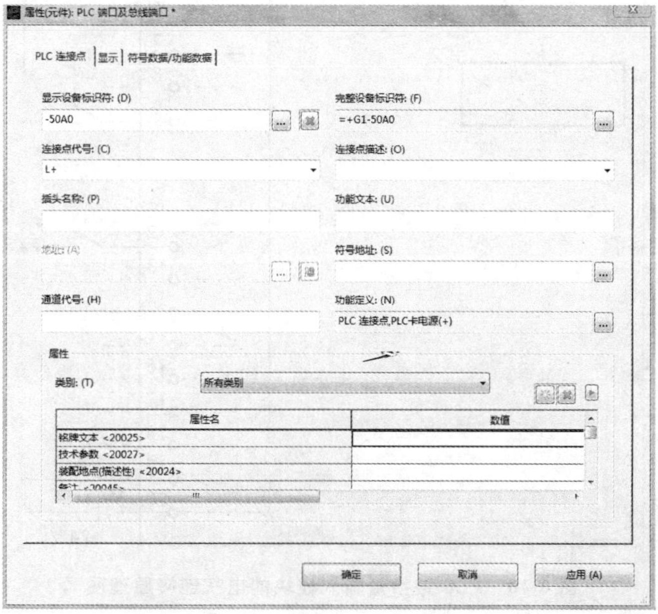

图 6-7 填写完成的"属性(元件):PLC 端口及总线端口"对话框

（7）单击"确定"按钮，完成"L＋"连接点放置，放置完成后在该连接点下方填写相关说明的路径文本"PLC L＋电源"。

至此，"－50A0：L＋"连接点绘制完成，如图 6-8 所示。

用相同的方法绘制连接点"－50A0：M"，"功能定义"设置为"PLC 连接点，PLC 卡电源（M）"，完成后如图 6-9 所示。

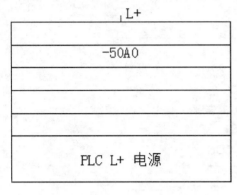

图 6-8　PLC 电源"L＋"连接点

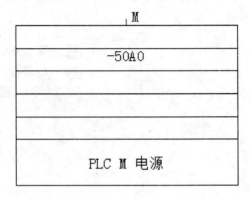

图 6-9　PLC 电源"M"连接点

1. 数字量输入模块

PLC 数字量输入模块"－50A1"的电气连接原理图如图 6-10 所示。

与电源有关的连接点为"－50A1：20"，"功能定义"设置为"PLC 连接点，PLC 卡电源（M）"，完成后如图 6-11 所示。

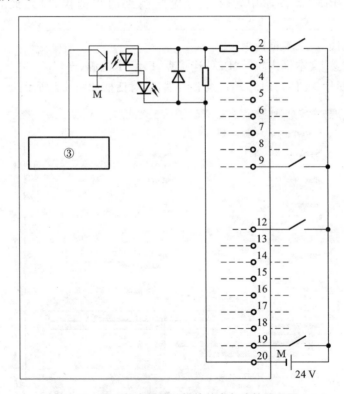

图 6-10　PLC 数字量输入模块的电气连接原理图

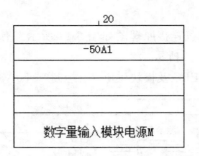

图 6-11 PLC 数字量输入模块电源"M"

2. 数字量输出模块

PLC 数字量输出模块的电气连接原理图如图 6-12 所示。"—50A2"模块的"1"和"11"连接点需要连接到"L＋","10"和"20"引脚需要连接到"M"。绘制结果如图 6-13 所示。

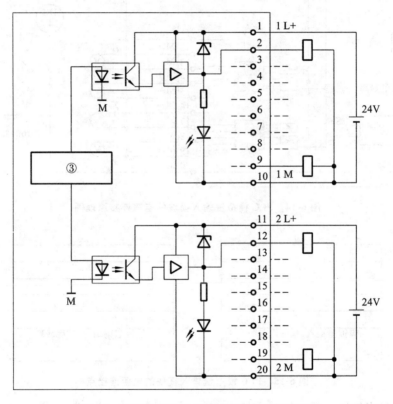

图 6-12 PLC 数字量输出模块的电气连接原理图

图 6-13 "—50A2"电源连接点

3.模拟量输入模块

PLC模拟量输入模块的电气连接原理图如图 6-14 所示。有关电源部分使用了连接点"1"("L+")和"20"("M"),如图 6-14 所示。

新建页"/2","页描述"为"PLC 及模块供电 2",绘制"-50A3"电源连接点,如图 6-15 所示。

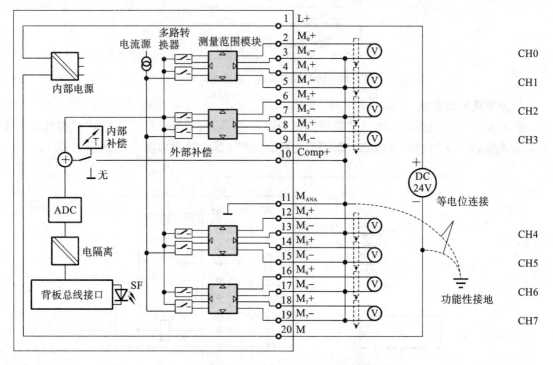

图 6-14　PLC 模拟量输入模块的电气连接原理图

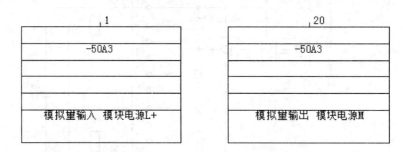

图 6-15　PLC 模拟量输入模块的电源连接点

4.模拟量输出模块

PLC模拟量输出模块的电气连接原理图如图 6-16 所示。有关电源部分使用了连接点"1"("L+")和"20"("M"),如图 6-16 所示。

绘制"-50A4"的电源连接点"1"("L+")和连接点"20"("M"),如图 6-17 所示。

这些电源连接点就可以通过"中断点"方式连接到外部电源输出点。

6.1.3　PLC 输入/输出点

1.数字量输入连接点

新建 65 页,"页描述"为"PLC 数字量输入模块 1_1";新建 66 页,"页描述"为"PLC 数字量输入模块 1_2"。

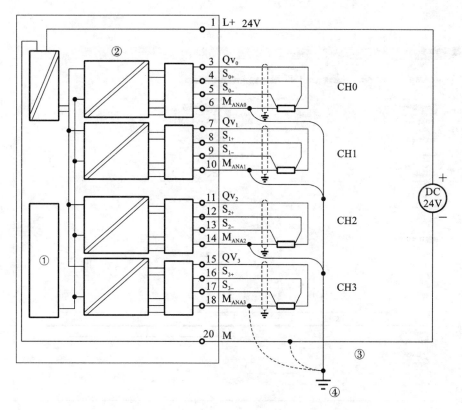

图 6-16 PLC 模拟量输出模块的电气连接原理图

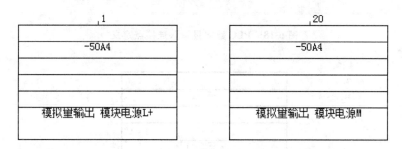

图 6-17 PLC 模拟量输出模块的电源连接点

选择"插入">"符号"菜单项,弹出"符号选择"对话框,选择"PLC_CBOX"符号。

单击"确定"按钮,"PLC 连接点,I/O,1 连接"符号附着在光标上,移动鼠标,单击放置位置,弹出"属性(元件):PLC 端口及总线端口"对话框,在该对话框进行以下设置。

(1)在"显示设备标识符"文本框内填写"-50A1"。

(2)在"连接点代号"文本框内填写"2"。

(3)在"地址"文本框内填写"I0.0"。

(4)在"通道代号"文本框内填写"CH0"。

(5)通过"功能定义"文本框后的"…"按钮选择"PLC 连接点,数字输入"。

数字量输入连接点定义如图 6-18 所示。

单击"确定"按钮,完成连接点定义,结果如图 6-19 所示。用同样的方法放置 I0.1~I1.7 其余数字量输入连接点,结果如图 6-20 所示。

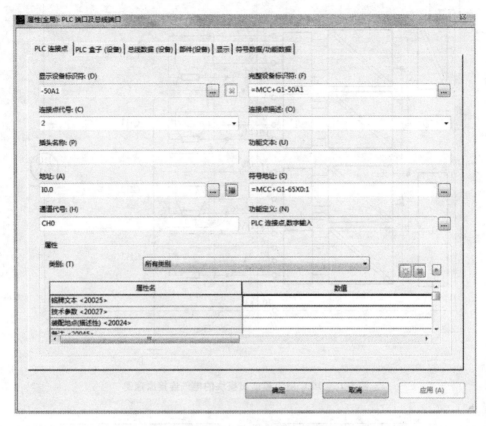

图 6-18　PLC 数字量输入连接点定义

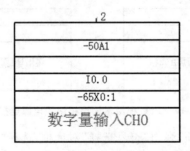

图 6-19　PLC 数字量输入连接点定义结果

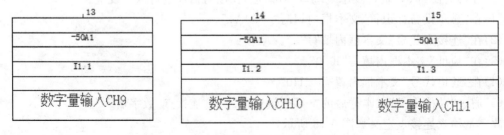

图 6-20　完成放置的 PLC 数字量输入连接点（部分）

注意：

PLC 模块中 I/O 地址使用的是用 E/A 符号标识的地址，如图 6-21 所示，通过项目设置可修改为 S7 的 I/O 格式。

图 6-21　输入/输出符号字母设置

2. 数字量输出连接点

新建 75 页，"页描述"为"PLC 数字量输出模块 1_1"；新建 76 页，"页描述"为"PLC 数字量输出模块 1_2"。

选择"插入">"符号"菜单项，弹出"符号选择"对话框，选择"PLC_CBOX"符号。

单击"确定"按钮，"PLC 连接点，I/O，1 连接"符号附着在光标上，移动鼠标，单击放置位置，弹出"属性（元件）：PLC 端口及总线端口"对话框，在该对话框进行以下设置。

（1）在"显示设备标识符"文本框内填写"－50A2"。

（2）在"连接点代号"文本框内填写"2"。

（3）在"地址"文本框内填写"Q4.0"。

（4）在"通道代号"文本框内填写"CH0"。

（5）通过"功能定义"文本框后的"…"按钮选择"PLC 连接点，数字输出"。

数字量输出连接点定义如图 6-22 所示。

单击"符号数据/功能数据"标签，在该标签页将"变量"设置为"变量 C"（将符号方向调整向下，符合工程师数字量输出的绘制习惯），如图 6-23 所示。

用同样的方法放置 Q4.1～Q5.7 其余数字量输出连接点，结果如图 6-24 所示。

3. 模拟量输入连接点

新建 90 页，"页描述"为"PLC 模拟量输入模块 1_1"。

选择"插入">"符号"菜单项，弹出"符号选择"对话框，选择"PLC_CBOX_LEFT"符号，单击"确定"按钮，"PLC 连接点，I/O，1 连接"符号附着在光标上，移动鼠标，单击放置位置，弹出"属性（元件）：PLC 端口及总线端口"对话框，在该对话框进行以下设置：在"显示设备标识符"文本框填写"－50A3"，在"连接点代号"文本框内填写"2"，在"地址"文本框内填写"PIW256"，在"通道代号"文本框内填写"CH0"，通过"功能定义"文本框后的"…"按钮选择"PLC 连接点，模拟输入"，如图 6-25 所示。

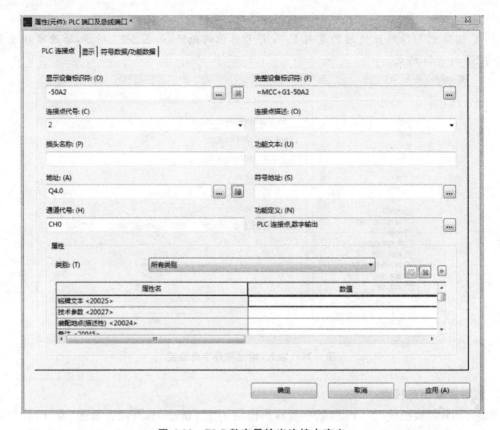

图 6-22　PLC 数字量输出连接点定义

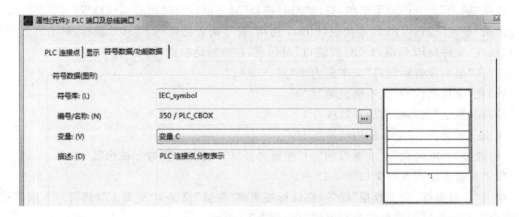

图 6-23　PLC 数字量输出符号方向修改

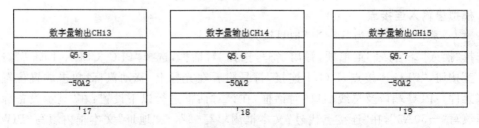

图 6-24　PLC 数字量输出连接点定义结果（部分）

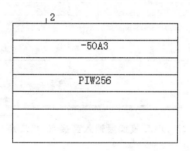

图 6-25 PLC 模拟量输入连接点(第一点)定义

单击"确定"按钮,完成设置,回到图纸界面,结果如图 6-26 所示。

```
          2
     ┌────┴────────────┐
     ├─────────────────┤
     │     -50A3        │
     ├─────────────────┤
     │                 │
     ├─────────────────┤
     │     PIW256       │
     ├─────────────────┤
     │                 │
     ├─────────────────┤
     │                 │
     └─────────────────┘
```

图 6-26 PLC 模拟量输入连接点(第一点)定义结果

对于模拟量,还要在符号上定义第二个连接点,具体步骤如下。

选择"插入">"符号"菜单项,弹出"符号选择"对话框,选择"PLC_CBOX_CON"符号,单击"确定"按钮,"PLC_CBOX_CON"符号附着在光标上,移动鼠标,单击放置位置,弹出"属性(元件):PLC 端口及总线端口"对话框,在该对话框进行以下设置:在"显示设备标识符"文本框内填写"-50A3",在"连接点代号"文本框内填写"3",在"地址"文本框内填写"PIW256",在"通道代号"文本框内填写"CH0",在"连接点描述"文本框内填写"M0-",通过"功能定义"文本框后的"…"按钮选择"PLC 连接点,模拟输入",如图 6-27 所示。

单击"确定"按钮,完成模拟量输入第一通道的绘制。用同样的方法绘制其余通道,结果如图 6-28 所示。

4. 模拟量输出连接点

新建 94 页,"页描述"为"PLC 模拟量输出模块 1_1";新建 95 页,"页描述"为"PLC 模拟量输出模块 1_2"。选择"插入">"符号"菜单项,弹出"符号选择"对话框,选择"PLC_CBOX_LEFT"符号。单击"确定"按钮,"PLC 连接点,I/O,1 连接"符号附着在光标上,移动鼠标,单击放置位置,弹出"属性(元件):PLC 端口及总线端口"对话框,在该对话框进行以下设置。

(1)在"显示设备标识符"文本框内填写"-50A4"。

(2)在"连接点代号"文本框内填写"3"。

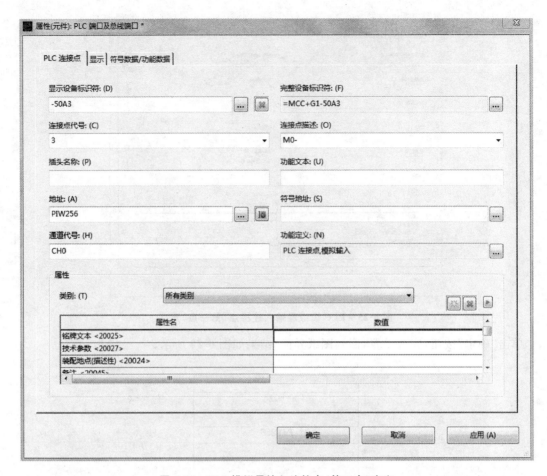

图 6-27　PLC 模拟量输入连接点（第二点）定义

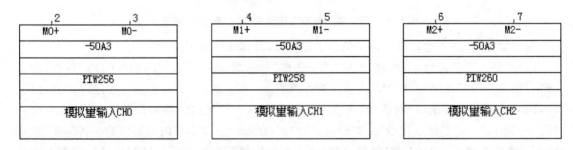

图 6-28　PLC 模拟量输入连接点定义结果（部分）

（3）在"地址"文本框内填写"PQW292"。

（4）在"通道代号"文本框内填写"CH0"。

（5）在"连接点描述"文本框内填写"QV0"。

（6）通过"功能定义"文本框后的"…"按钮选择"PLC 连接点，模拟输出"。

模拟量输出连接点（第一点）定义如图 6-29 所示。

"—50A4"的"3""4""5""6"共同构成第一通道 CH0。

4 组连接点除"连接点代号"和"连接点描述"不同外，其他相同，它们的连接点描述分别为"QV0""S0＋""S0－""MANA"。绘制其他 3 组模拟量输出通道，结果如图 6-30 所示。

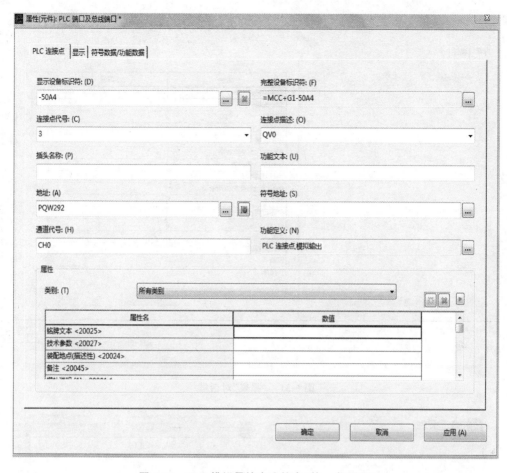

图 6-29 PLC 模拟量输出连接点（第一点）定义

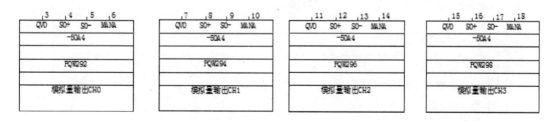

图 6-30 PLC 模拟量输出通道绘制结果

6.1.4 PLC 总览

项目"CHP10"的 I/O 点整体按顺序放置，容易查找，但有时需要在不同的页面分散放置 I/O 点，这时统计和查找非常麻烦。为了解决这个问题，EPLAN 提供了 PLC 模块总览的功能。

选择"工具"＞"报表"＞"生成"菜单项，弹出"报表"对话框，如图 6-31 所示。

单击"新建"按钮，弹出"确定报表"对话框，如图 6-32 所示。

单击选择"PLC 卡总览"，然后单击"确定"按钮，弹出"筛选/排序-PLC 卡总览"对话框，如图 6-33 所示。

单击"确定"按钮，弹出"PLC 卡总览"对话框，选择把 PLC 卡总览的报表放置在"＝MCC＋G1/320"，如图 6-34 所示。

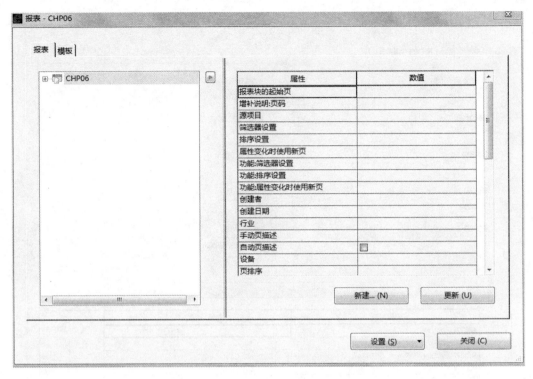

图 6-31 "报表"对话框

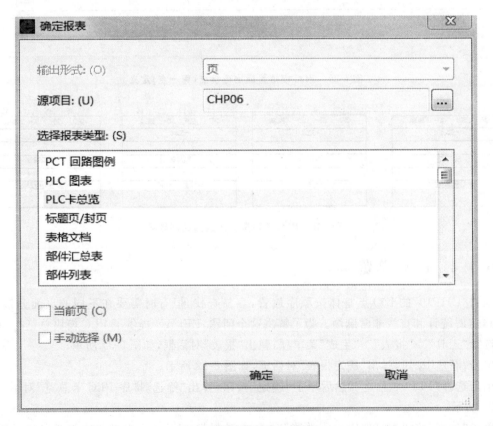

图 6-32 "确定报表"对话框

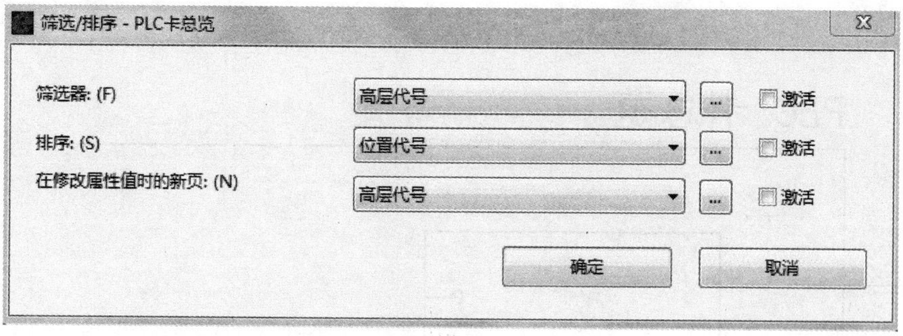

图 6-33 "筛选/排序-PLC 卡总览"对话框

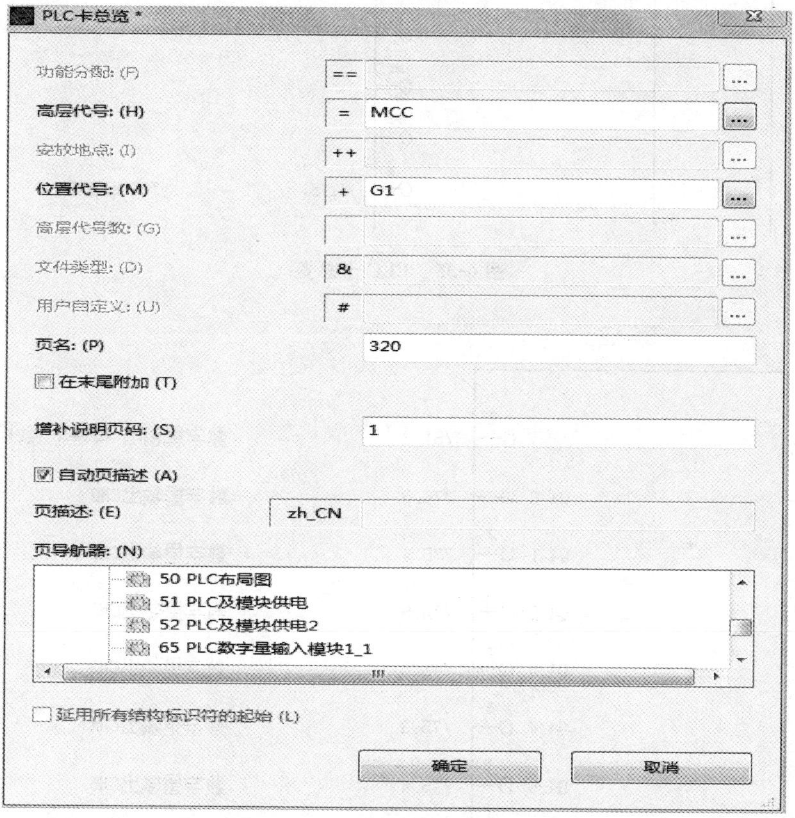

图 6-34 "PLC 卡总览"对话框及其设置

单击"确定"按钮,单击"关闭"按钮,回到图纸页面,查看 320 页生成的"PLC 卡总览",图表把出现在项目中的 I/O 点按顺序整理排列,如图 6-35 和图 6-36 所示。

PLC 总览除了使用 PLC 卡总览的报表方式外,也可以由电气设计者自己新建总览页进行 PLC 总览的显示。

注意:

建立总览页时,记得页属性要选择"总览(交互式)〈3〉"页类型,这样绘制的部件总览是以信息汇总的形式出现的,部件不作为实际电气接点应用。

PLC 卡总览

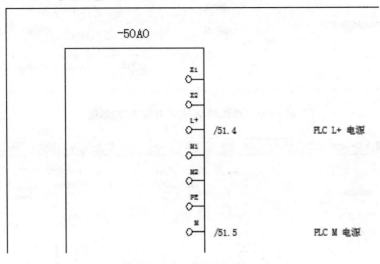

图 6-35 PLC 卡总览

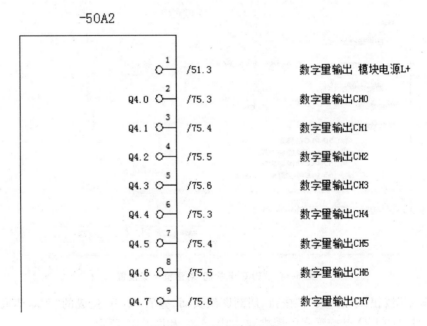

图 6-36 PLC 卡总览细节

思 考 题

用自己语言描述模块化 PLC 如何设计。

6.2 PLC一体化设计

项目"EPLANCLASS"中用到的PLC是三菱的FX3U-64M。它的特点是：由交流220 V电源供电，漏型输入（见图6-37），继电器输出（见图6-38）。PLC的外部接线分三个部分：PLC供电，PLC输入和PLC输出。

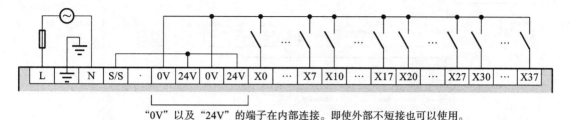

"0V"以及"24V"的端子在内部连接。即使外部不短接也可以使用。

图6-37 FX3U-64M PLC漏型输入

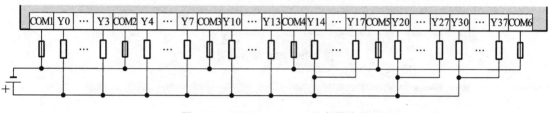

图6-38 FX3U-64M PLC继电器输出

6.2.1 PLC供电设计

打开项目"EPLANCLASS"，新建页"＝ESD＋G1/4"，在"页描述"文本框内中输入"PLC供电电路"。

绘制一个黑盒用以表示PLC。选择"插入"＞"盒子/连接点/安装板"＞"黑盒"菜单项，鼠标光标外挂"黑盒"符号，单击图纸选择放置"黑盒"符号的第一点，拖动虚线的矩形单击放置"黑盒"符号的第二点，弹出"属性(元件)：黑盒"对话框，将"显示设备标识符"修改为"－PLC"，在"铭牌文本"文本框中输入"FX3U-64M"，如图6-39所示。

按照图6-37和图6-38所示的接线图，应用设备连接点将PLC电源连接点绘制出来。

选择"插入"＞"盒子/连接点/安装板"＞"设备连接点"菜单项，在"黑盒"上方的边框上点选一点，弹出"属性(元件)：常规设备"对话框，在该对话框"连接点代号"文本框中输入"L"，如图6-40所示，单击"确定"按钮。

设备连接点的图标还附着在鼠标上，在"L"的右侧接着放置接地连接点，在"连接点代号"文本框中输入"PE"。单击"确定"按钮后，放置"N"连接点。这是PLC工作的三个供电连接点。采用同样的方法把"S/S""0V""24V""0V""24V"连接点绘制出来，结果如图6-41所示。

在"黑盒"下方插入设备连接点——表示输出的"COM"点。

选择"插入"＞"盒子/连接点/安装板"＞"设备连接点"菜单项，在"黑盒"上方的边框上点选一点，弹出"属性(元件)：常规设备"对话框，在该对话框"连接点代号"文本框中输入"COM1"，在"符号数据/功能数据"标签页将"变量"设置为"变量C"，单击"确定"按钮。

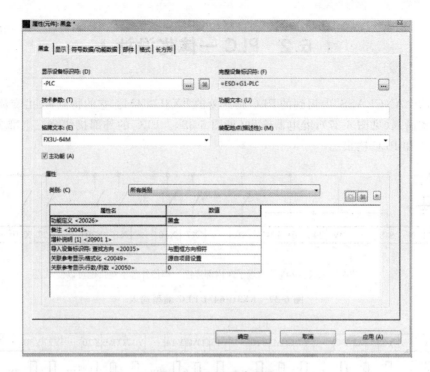

图 6-39　PLC 黑盒设置

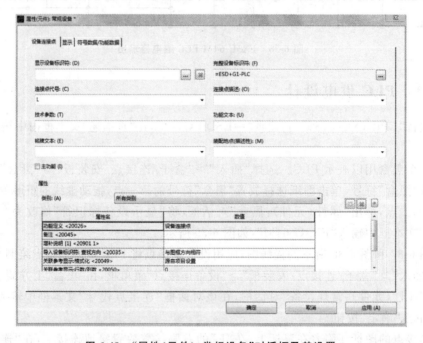

图 6-40　"属性（元件）：常规设备"对话框及其设置

　　采用同样的方法以均匀的间隔绘制连接点"COM2""COM3""COM4""COM5""COM6"，结果如图 6-42 所示。

　　下面绘制连接线路。选择"插入"＞"连接符号"＞"中断点"，"中断点"符号附着在光标上，在图框的右上方选择一点，弹出"属性（元件）：中断点"对话框，单击"显示设备标识符"文本框后的"…"按钮，弹出"使用中断点"对话框，在该对话框将目录点开，单击"L"，如图 6-43 所示，单击

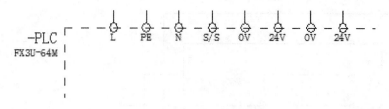

图 6-41 PLC 电源连接点绘制结果(一)

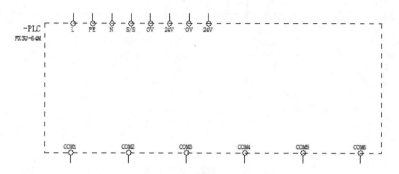

图 6-42 PLC 电源连接点绘制结果(二)

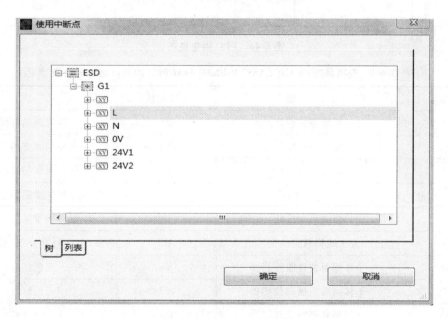

图 6-43 选择"L"中断点

"确定"按钮,退出该对话框。在"属性(元件):常规设备"对话框单击"显示"标签,在该标签页"属性排列"栏中选择"左,0°",再单击"确定"按钮,中断点出现在图框内。

使用同样的方法插入"N""24V2""0V"三个中断点。按照图 6-37 和图 6-38 所示的接线图连接线路,结果如图 6-44 所示。

6.2.2 PLC 输入电路

在项目"EPLANCLASS"中,FX3U-64M PLC 的 I/O 地址分配表如表 6-1 所示。

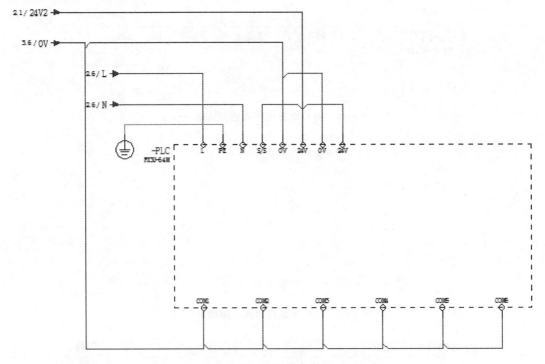

图 6-44　PLC 供电电路

表 6-1　在项目"EPLANCLASS"中 FX3U-64M PLC 的 I/O 地址分配表

I/O 地址	功　能	I/O 地址	功　能
X0	系统停止按钮	Y0	平移伺服脉冲信号
X1	紧急停止按钮	Y1	平移伺服方向信号
X2	系统复位按钮	Y2	平移伺服使能信号
X3	手动/自动	Y3	平移伺服报警复位
X4	系统启动按钮	Y4	平移伺服紧急停止
X5	流水线物料到位信号	Y5	运行准备按钮灯
X6	平移伺服前极限传感器	Y6	三色红灯
X7	平移伺服后极限传感器	Y7	三色绿灯
X10	平移伺服原点	Y10	三色黄灯
X11	流水线平移气缸原点	Y11	蜂鸣器
X12	流水线定位气缸原点	Y12	真空阀 1
X13	真空感应器 1	Y13	真空阀 2
X14	真空感应器 2	Y14	提升气缸
X15～X37	略	Y15～Y37	略

注意：

在此例中,省去了部分 I/O 地址的功能介绍,只是介绍怎么使用 EPLAN 表示 PLC I/O 点,至于 I/O 点具体做什么用,不是本课程该关注的。

打开项目"EPLANCLASS",新建页"＝ESD＋G1/5",在"页描述"文本框中输入"PLC 输入电路"。

首先绘制一个"黑盒"用以表示 PLC。选择"插入"＞"盒子/连接点/安装板"＞"黑盒"菜单项,鼠标光标外挂"黑盒"符号,在图框下方合适的位置单击图纸选择放置"黑盒"符号的第一点,拖动虚线的矩形。单击放置"黑盒"符号的第二点,弹出"属性(元件):黑盒"对话框,单击"显示设备标识符"文本框框后的"…"按钮,在弹出的"设备标识符:选择"对话框中,选取"－PLC"下面的"黑盒",选完后,单击"确定"按钮,回到"属性(元件):黑盒"对话框,我们看到"主功能"前面的钩已取消,此处的"黑盒"已是实现辅助功能的部件了,如图 6-45 所示。单击"确定"按钮,退出"属性(元件):黑盒"对话框。

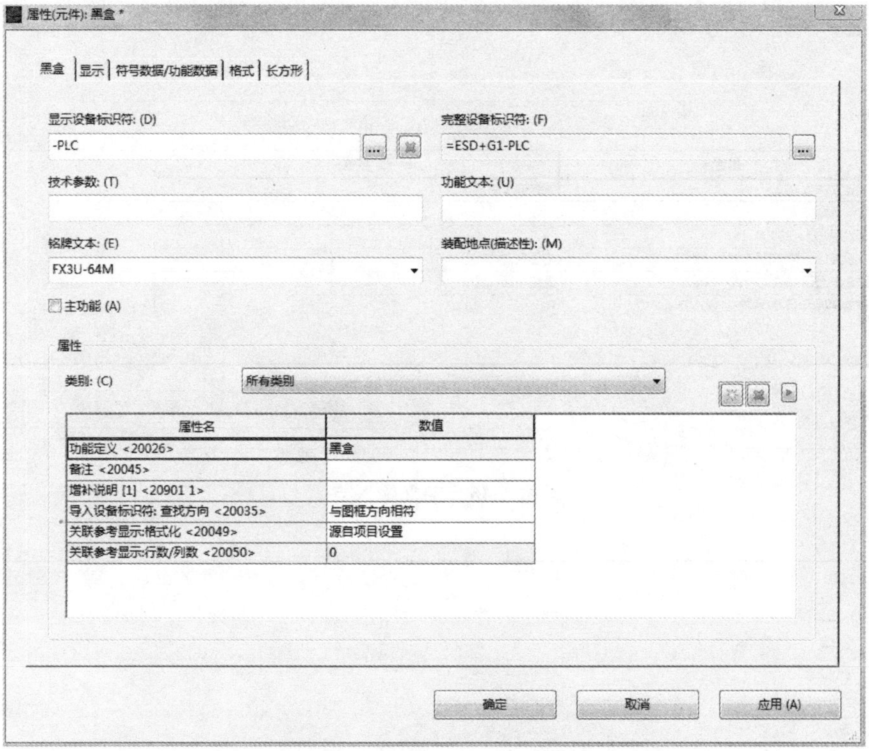

图 6-45 起辅助功能的"黑盒"设置

下面定义 I/O 点。选择"插入"＞"盒子/连接点/安装板"＞"设备连接点"菜单项,"设备连接点"图标附着在鼠标上,在"黑盒"的边框上选取一点并单击,弹出"属性(元件):常规设备"对话框,在该对话框"连接点代号"文本框中输入"X0",如图 6-46 所示,单击"确定"按钮,退出该对话框。

以同样的方式定义"连接点代号""X1""X2"……"X14",结果如图 6-47 所示。

在此项目中,FX3U-64M PLC 采用的是漏型输入,所以连接输入点按钮或传感器与"0V"相连,在页"/5"中从开关电源的"0V"端引过来。

在"黑盒"边框的左上方插入中断点,在"属性(元件):中断点"对话框单击"显示设备标识符"文本框后的"…"按钮,在弹出的"使用中断点"对话框中选取"0V"中断点,如图 6-48 所示。选好后,单击"确定"按钮,回到"属性(元件):中断点"对话框,单击"确定"按钮,退出"属性(元件):中断点"对话框。

在"黑盒"边框的右上方与左边水平的位置插入另一个中断点"0V"。

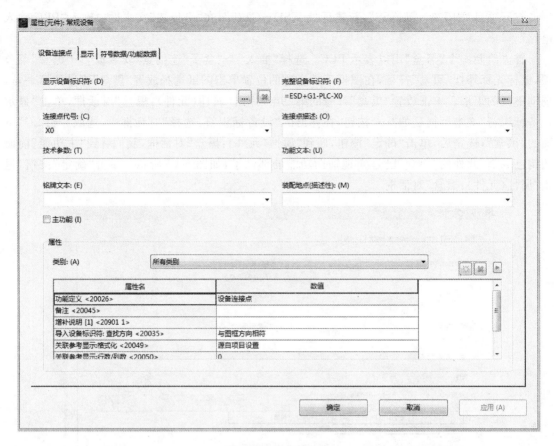

图 6-46　定义输入点

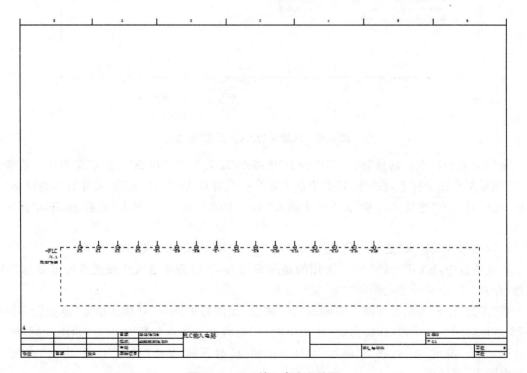

图 6-47　PLC 输入点定义结果

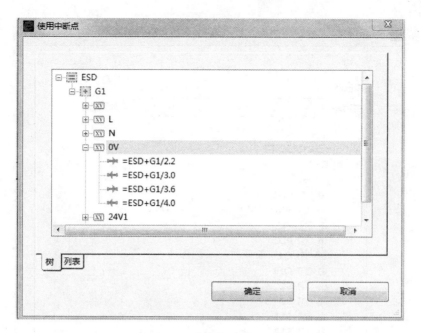

图 6-48　选择"0V"中断点

选择"插入">"符号">"电气工程">"传感器,开关和按钮"菜单项,在右侧选择"开关,机械式常开触点,操作"按钮,用作系统停止按钮,如图 6-49 所示,单击"确定"按钮,在图框中"X0"的上方单击一点,弹出"属性(元件):常规设备"对话框,单击"显示设备标识符"文本框后的"…"按钮,在弹出的"设备标识符-选择"对话框中,选取"S2",如图 6-50 所示,单击"确定"按钮,回到"属性(元件):常规设备"对话框。在该对话框在"功能文本"文本框中输入"停止按钮",再单击"确定"按钮,完成"X0"输入系统停止按钮的定义。当开关按钮符号位于"X0"设备连接点正上方时,将自动产生连接,在开关按钮符号的上方插入"T 节点,向下"连接符号,连接按钮至"0V"线。

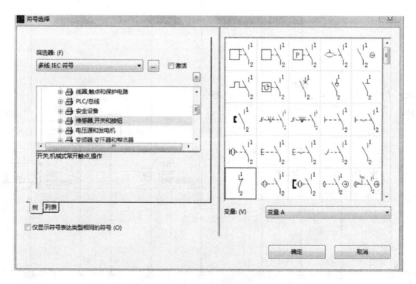

图 6-49　符号选择

采用同样的方法完成对其他输入点的定义(注意符号的选择),然后将输入点连入伺服驱动器部分。可以用一个方框代替伺服驱动器。最终的 PLC 输入电路如图 6-51 所示。

图 6-50　选择"S2"作为设备标识符

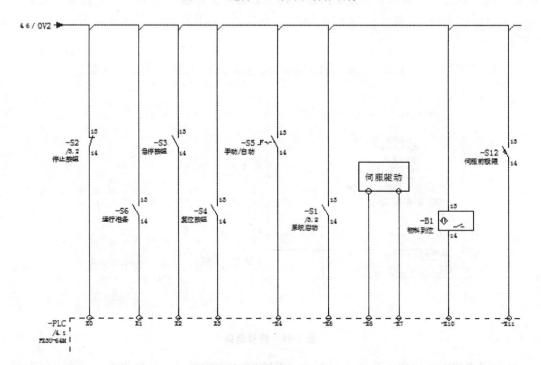

图 6-51　PLC 输入电路

6.2.3 PLC 输出电路

打开项目"EPLANCLASS",新建页"＝ESD＋G1/6",在"页描述"文本框中输入"PLC 输出电路"。

输出电路接线的绘制与输入电路相同,与它相连接的是灯、线圈等。在项目"EPLANCLASS"中,输出元器件的公共端与"24V"相连接。

绘制一个"黑盒"用以表示 PLC。按照绘图习惯,输出元器件一般放在 PLC 的下方,所以把"黑盒"绘制在图框靠上的位置。PLC 输出电路绘制步骤与输入电路相同,结果如图 6-52 所示。

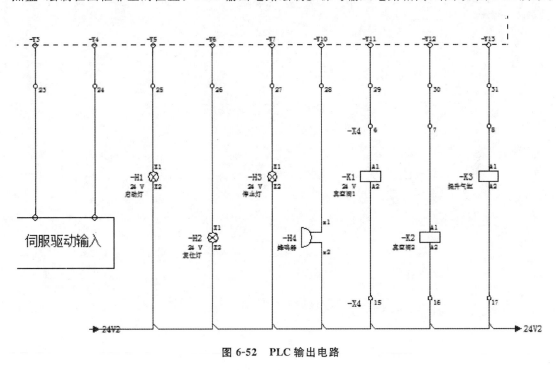

图 6-52　PLC 输出电路

思　考　题

用自己的语言描述一体化 PLC 模块设计。

第7章
报表

本章主要讲述如何输出项目实例中的报表(封页,目录,部件列表,部件汇总表,端子图表,连接列表,电缆图表),在学习输出PLC控制回路报表之前,我们必须掌握以下基础知识。

1. 报表的作用。
2. 报表的工作流程。

◀ 7.1　报表的作用 ▶

EPLAN 的强大功能体现在设计过程中的各个方面。从设计理念和工作效率方面考虑，EPLAN 最突出的功能就是报表的功能。

EPLAN 工作分为以下两个层面。

设计层面：包含基于符号的设计和基于部件的设计。

展示层面：经过设计的项目包含很多信息，展示层面的工作是通过报表、图表等筛选项目信息，并按要求显示在图纸上。例如：在报价阶段，关注项目设计成本，报表可以汇总项目内部件的价格信息，汇总表格为项目成本核算提供方便；在采购阶段，采购需要用到各个部件的汇总清单；在生产时，要想知道每个部件的型号和图纸中的位置，就需要用到部件列表。所有这些展示的信息都基于项目数据。

两个层面的工作相辅相成：正确的设计是基础，只有有正确的设计才能生成正确的报表；清晰的报表是设计的结果。

思　考　题

理解报表的具体作用。

◀ 7.2　报表的工作流程 ▶

EPLAN 报表的工作流程分为两个步骤，即选择和配置模板、报表输出。

7.2.1　选择和配置模板

选择"工具"＞"报表"＞"生成"菜单项，弹出"报表"对话框，如图 7-1 所示。

在"报表"对话框单击"设置"按钮，展开扩展按钮，显示"输出为页""部件""显示/输出"，如图 7-2 所示。

"输出为页"：主要用于对输出到图纸的报表选择使用的表格、排序等进行设置。

"部件"：主要用于对与部件有关的报表进行设置，如是否分解组件、是否统计和显示端子母线等。

"显示/输出"：用于设置报表显示、排序的一些配置。

> 说明：
> 从 EPLAN 初学入门的角度考虑，在报表配置方面尽量采用默认配置。
> 基本熟悉报表生成工作流程后，若有特殊报表要求，则可以参考此处配置的内容调整报表。本章主要讲解"输出为页"的配置。

输出为页的设置如下。

选择"工具"＞"报表"＞"生成"菜单项，弹出"报表"对话框，单击"设置"按钮，展开扩展按钮，显示"输出为页""部件""显示/输出"，单击"输出为页"，弹出"设置：输出为页"对话框，如图 7-3 所示。

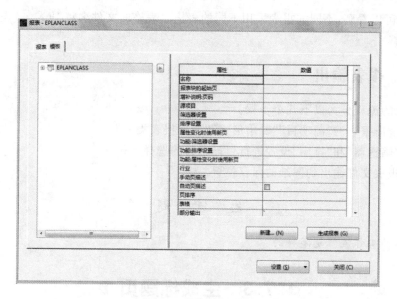

图 7-1 "报表"对话框

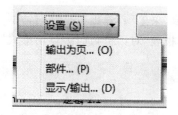

图 7-2 报表的三种设置内容

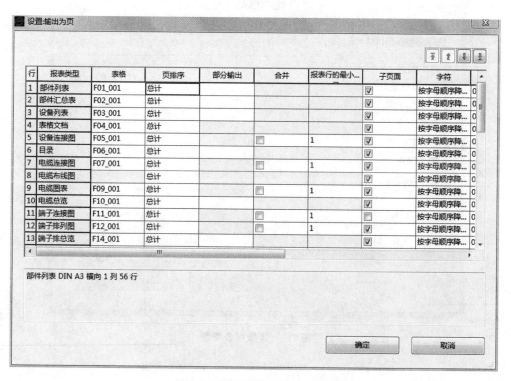

图 7-3 "设置输出为页"对话框

由图 7-3 可以看到,不同的报表采用不同的表格。表格的文件名以"F××"表示,后缀以"f××"来表示。

7.2.2 报表输出

报表输出的流程分为以下几个步骤。

(1)设置输出报表的"源项目""输出形式""选择报表类型"。

(2)利用"筛选器"和"排序"设置进行目标条目的选择和排序。

(3)选择报表文件输出到图纸的保存位置。

思 考 题

报表具体的工作流程是怎样的?

◀ 7.3 生成标题页 ▶

选择"工具">"报表">"生成"菜单项,弹出"报表"对话框。

单击"新建"按钮,弹出"确定报表"对话框,选择"输出形式"为"页",如图 7-4 所示。

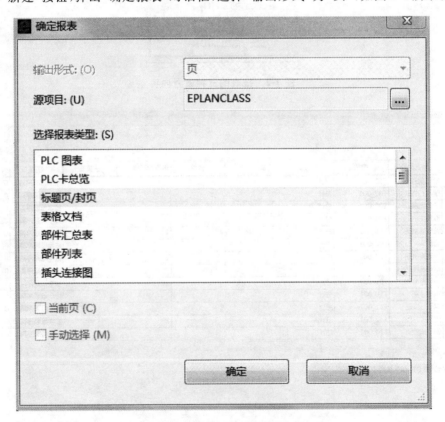

图 7-4 选择报表类型

注意：

此处"输出形式"有两种选择，即"页"和"手动放置"。

"页"的输出形式是新建页，把报表放置在此图纸上，并插入项目图纸中。

"手动放置"的输出形式是把生成的图表插入已经存在的图纸中，以补充该图纸中的信息。例如，可在安装板布局图的空白位置插入箱柜设备清单。

在"选择报表类型"列表框内选择"标题页/封页"，单击"确定"按钮，完成"确定报表"的设置，弹出"标题页/封页"对话框。

选择"标题页/封页"的保存位置，可以通过填写"高层代号""位置代号"文本框设定标题页/封页的保存位置，默认使用"标题页/封页"的"页描述"，也可以通过设置"自动页描述"来编写页描述文字。

在选择保存报表的位置时，还可以通过单击鼠标选择图纸结构设定报表保存的位置。

在"标题页/封页"对话框"高层代号"文本框中填写"MCC"，"位置代号"文本框中不填写，在"页名"文本框中填写"1"，如图 7-5 所示。

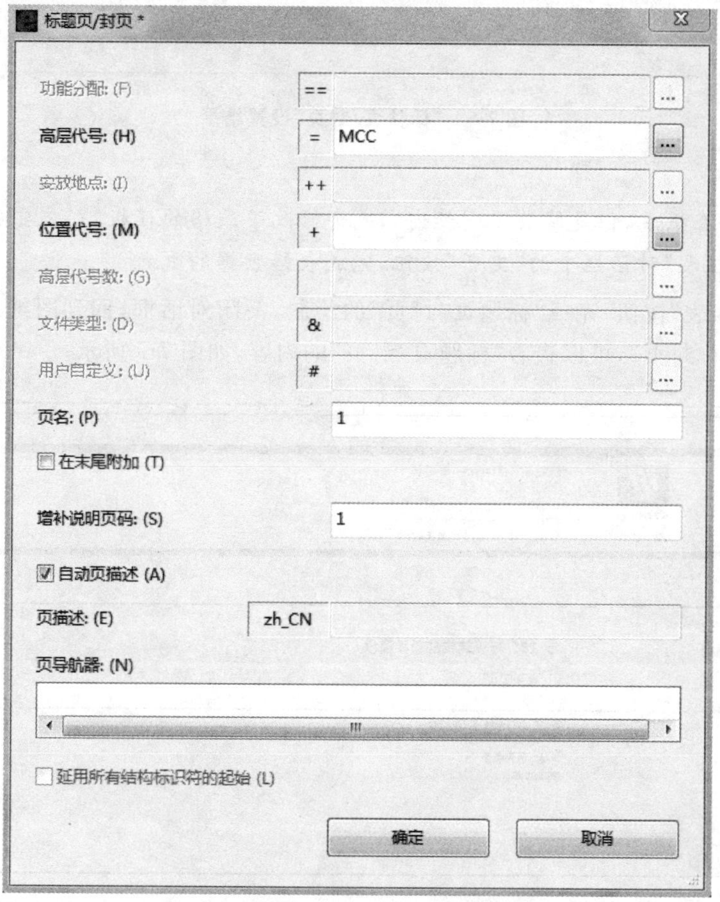

图 7-5 "标题页/封页"对话框及其设置

单击"确定"按钮，回到"报表"对话框，如图 7-6 所示。

此时，可以看到图纸页导航器中已经出现了页名为"0001"、"页描述"为"标题页/封页"的面。

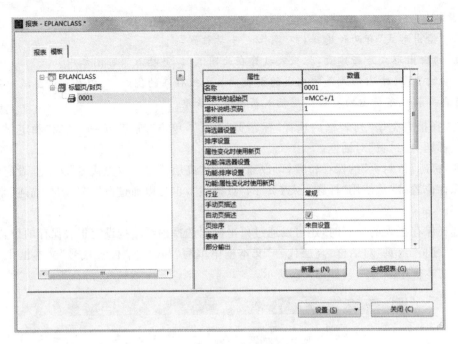

图 7-6 "标题页/封页"设置结果

注意:

如果已经存在报表,但是修改了图纸内容或者修改了表格的模板,则需要更新报表。

可以单击"报表"对话框中的"更新"按钮,完成表格数据的更新。

单击"生成报表"按钮,完成"标题页/封页"的绘制,关闭对话框,回到图纸页面。在页导航器中双击"标题页/封页",可以查看"标题页/封页"的内容,如图 7-7 所示。

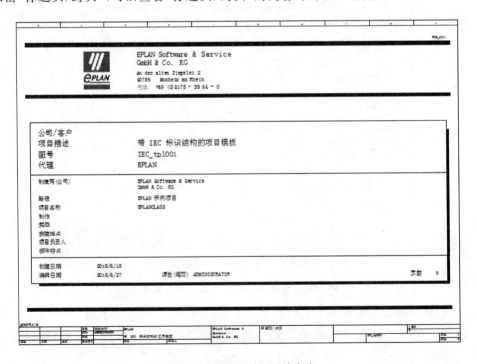

图 7-7 "标题页/封页"的内容

"标题页"生成后,"标题页"的结构、文字是由"标题页表格"决定的,可以更换"标题页"表格,修改"标题页"的结构。

选择"工具">"报表">"生成"菜单项,弹出"报表"对话框。

选择"设置">"输出为页"菜单项,弹出"设置:输出为页"对话框,找到 26 行"标题页/封页",单击该行"表格"列,弹出选择列表项,如图 7-8 所示。

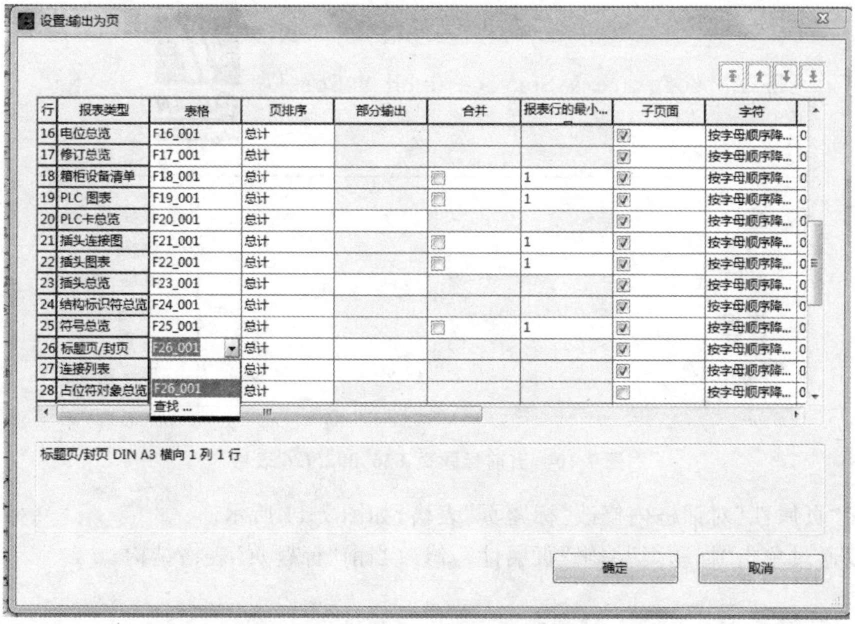

图 7-8　修改标题页表格设置

选择"查找"选项,弹出"选择表格"对话框,在该对话框右侧勾选"预览"选项,可预览文件夹内后缀名为"f26"的标题页表格。当前使用的是 F26_001.f26 表格,单击选择 F26_002.f26 表格,右侧出现双列的标题页结构,如图 7-9 所示。

图 7-9　选择和预览表格

单击“打开”按钮，完成“标题页”表格更换，在“设置：输出为页”对话框中单击“确定”按钮，回到“报表”对话框。

在“报表”对话框中单击“更新”按钮，完成表格的替换。

单击“完成”按钮，回到页面状态，当前标题页 F26_002. f26 表格如图 7-10 所示。

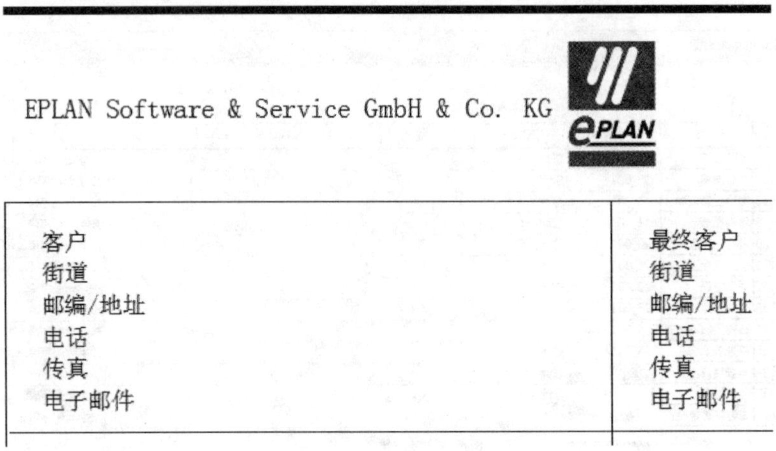

EPLAN Software & Service GmbH & Co. KG
ePLAN
客户
街道
邮编/地址
电话
传真
电子邮件
最终客户
街道
邮编/地址
电话
传真
电子邮件

图 7-10　当前标题页 F26_002. f26 表格

可以在“页属性”对话框内修改“标题页”表格，如图 7-11 所示。

还可以通过单击“标题页”编辑“页属性”，修改当前“标题页”表格结构。

页属性
完整页名: (F)
=ESD/1
页类型: (P)
标题页/封页 (自动式) <17>
页描述: (A)
标题页/封页
属性
类别: (C)
所有类别
数值
F26_002
F26_002
F26_001
查找 ...
确定
取消

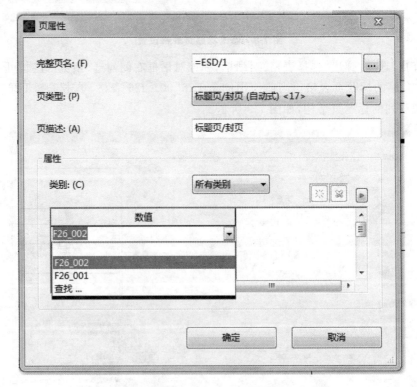

图 7-11　在“页属性”对话框内修改标题页表格

注意：

（1）通过修改"页属性"所做的修改是生效的。

（2）当在项目中做报表更新时，所选的报表会根据表格的配置重新按"设置：输出为页"对话框中的配置进行更新和覆盖，更新的结果以"设置：输出为页"对话框中的配置为准。

选择 F26_003.f26 表格，单击"确定"按钮。标题页 F26_003.f26 如图 7-12 所示。

EPLAN Software & Service
GmbH & Co. KG

An der alten Ziegelei 2
40789　Monheim am Rhein
电话　+49 (0)2173 - 39 64 - 0

客户	
工厂代号说明	带 IEC 标识结构的项目模板
图号	IEC_tpl001
代理	EPLAN

图 7-12　标题页 F26_003.f26 表格

在页导航器中选择"标题页"，选择"工具">"报表">"更新"（此更新操作与选中在"报表"对话框中的"更新"按钮的作用是相同的），将表格更新为 F26_003.f26。

生成目录操作如下。

选择和配置"目录"模板：选择"工具">"报表">"生成"菜单项，弹出"报表"对话框；选择"设置">"输出为页"菜单项，弹出"设置：输出为页"对话框，选择第 6 行"目录"，如图 7-13 所示；单击"表格"，选择"查找"选项，进入"选择表格"对话框，选择 F06_002.f06 表格，单击"打开"按钮，完成选择，回到"设置：输出为页"对话框，单击"确定"按钮，回到"报表"对话框。

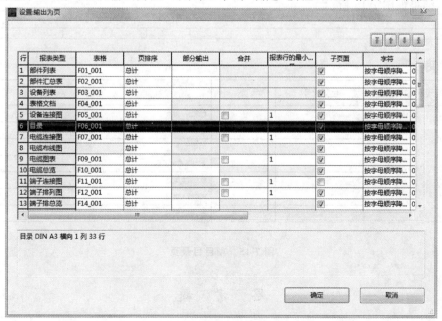

图 7-13　目录表格选择

生成“目录”：在“报表”对话框中，单击“新建”按钮，弹出“确定报表”对话框，选择“目录”，单击“确定”按钮，弹出“筛选/排序：目录”对话框，单击“确定”按钮，弹出“目录”对话框，选择放置目录位置为高层代号“MCC”，页名为“2”，勾选“自动页描述”，如图 7-14 所示。

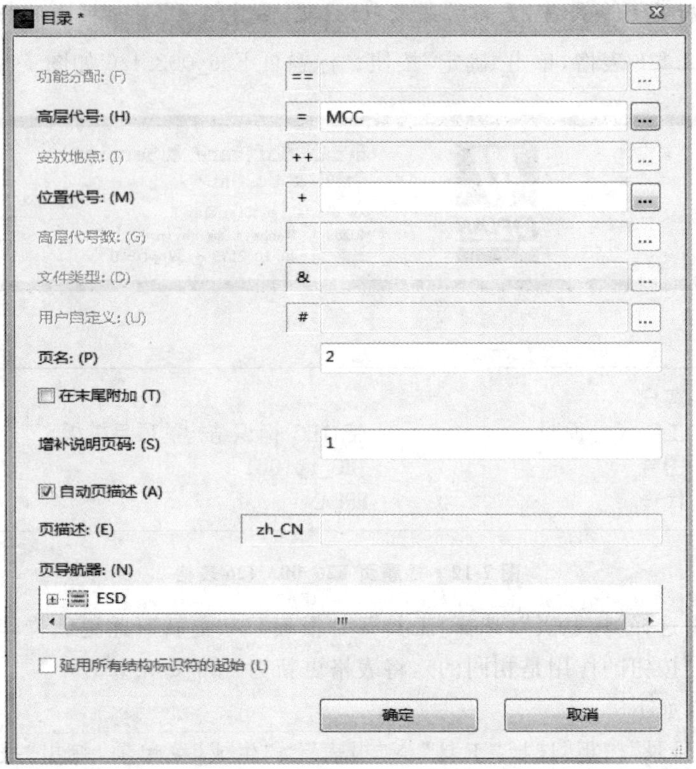

图 7-14　目录表格保存位置设置

单击“确定”按钮，完成“目录”生成。关闭“报表”对话框，回到页导航器，双击“目录”查看项目目录页，结果如图 7-15 所示。

目录

工厂代号(较高级别)	位置代号	页	页描述
ESD		1	标题页/封页
		2	目录：=ESD/1 - =ESD+G1/6
	G1	2	供电电路
	G1	3	主电路控制回路
	G1	4	FLC供电电路
	G1	5	FLC输入电路
	G1	6	FLC输出回路

图 7-15　项目目录页

思考题

如何生成标题页？

◀ 7.4 生成部件列表和部件汇总表 ▶

部件列表方便查看部件的型号,指导电柜的生成。部件汇总表把相同的部件汇总在一起,便于采购和库房的管理。

通过 EPLAN 默认设置生成"部件列表"和"部件汇总表"。

选择"工具">"报表">"生成"菜单项,弹出"报表"对话框。

在"报表"对话框中,单击"新建"按钮,弹出"确定报表"对话框,选择"部件列表",单击"确定"按钮,弹出"筛选/排序:部件列表"对话框,单击"确定"按钮,弹出"部件列表"对话框,选择放置的位置为高层代号"MCC",页名为"10",勾选"自动页描述"。

单击"确定"按钮,完成"部件列表"生成。关闭"报表"对话框,回到页导航器,双击"部件列表"查看项目 10 页,如图 7-16 所示。

部件列表

设备标识符	数量	名称	类型号
-A1	1	SIMATIC S7-300,模拟部件框 SM 334	6ES7 334-0CE01-0AA0
-A2	0		
-U1	1	TS 8856.500 800/1800/500	TS 8856.500
-U3	1	电缆通道 30x40	KK3040
-U4	1	电缆通道 30x40	KK3040
-U9	1	安装导轨,EN 50 022（35x10）	TS 35_10
-U11	1	电缆通道 30x40	KK3040
-U12	1	电缆通道 30x40	KK3040
-U13	1	电缆通道 30x40	KK3040
-U14	1	电缆通道 30x40	KK3040
-U15	1	安装导轨,EN 50 022（35x10）	TS 35_10
-U16	1	安装导轨,EN 50 022（35x10）	TS 35_10
+G1-B1	1	接近开关(常开触点)	3RG401 2-3AG01
+G1-H1	1	全套设备,图形指示灯	3SB3 217-6AA20
+G1-H2	1	全套设备,图形指示灯	3SB3 217-6AA30
+G1-H3	1	全套设备,图形指示灯	3SB3 217-6AA30
+G1-H4	0		
+G1-K1	1	电磁阀	163 7 S7
+G1-K2	1	电磁阀	163 7 S7
+G1-K3	1	电磁阀	163 7 S7

图 7-16 部件列表

选择"工具">"报表">"生成"菜单项,弹出"报表"对话框。

在"报表"对话框中,单击"新建"按钮,弹出"确定报表"对话框,选择"部件汇总表",单击"确定"按钮,弹出"筛选/排序:部件汇总表"对话框,单击"确定"按钮,弹出"部件汇总表"对话框,选择放置部件汇总表位置为高层代号"MCC",页名为"20",勾选"自动页描述"。

单击"确定"按钮,完成"部件汇总表"生成。关闭"报表"对话框,回到页导航器,双击"部件汇总表"查看项目 20 页,如图 7-17 所示。

部件汇总表

订货编号	数量	描述 名称	类型号 部件编号	制造商 供应商
6ES7334-0CE01-0AA0	1 未	SIMATIC S7-300, 模拟部件组 SM 334	6ES7334-0CE01-0AA0 SIE. 6ES7334-0CE01-0AA0	SIEMEN SIEMEN
	0			
TS 8886.500	1 未	TS 8886.500 800/1800/600	TS 8886.500 TS 8886.500	RITTAL RITTAL
	6 未	电缆通道 30x40	KK3040 KK3040	
	3 未	安装导轨 EN 50 022（35x10）	TS 35_10 TS 35_10	
3RC4012-3AG01	1 未	接近开关(常开触点)	3RC4012-3AG01 SIE. 3RC4012-3AG01	SIEMEN SIEMEN
3SB3217-6AA20	1 未	全套设备, 圆形指示灯	3SB3217-6AA20 SIE. 3SB3217-6AA20	SIEMEN SIEMEN
3SB3217-6AA30	2 未	全套设备, 圆形指示灯	3SB3217-6AA30 SIE. 3SB3217-6AA30	SIEMEN SIEMEN
CPE18-M3H-5J1/4	3 未	电磁阀	163787 CPE18-M3H-5J1/4	FESTO FESTO
	1		LC1D12 SND. LC1D12 (主回路装触器)	Schneider Schneider

图 7-17 部件汇总表

思 考 题

部件汇总表如何生成？

◀ 7.5 生成端子图表 ▶

端子图表除了可以指导端子接线外，还为现场施工时设备接线的指导工作提供方便。

选择"工具">"报表">"生成"菜单项，弹出"报表"对话框。选择"设置">"输出为页"，弹出"设置：输出为页"对话框。设置端子图表使用 F13_003.f13 表格。单击"确定"按钮，退出"设置：输出为页"对话框。

在"报表"对话框中，单击"新建"按钮，弹出"确定报表"对话框，选择"端子图表"，单击"确定"按钮，弹出"筛选/排序：端子图表"对话框，单击"确定"按钮，弹出"端子图表"对话框，选择放置端子图表位置为高层代号"MCC"，"位置代号"填写"+G1"，页名为"400"，如图 7-18 所示。

图 7-18 端子图表属性设置

单击"确定"按钮，完成"端子图表"生成。

关闭"报表"对话框，回到页导航器，双击"端子图表"查看项目 400 页，如图 7-19 所示。

图 7-19　端子图表

思　考　题

如何生成端子图表？

◀ 7.6　生成连接列表 ▶

连接列表可用于电柜接线的生产和接线后线路的检查。

选择"工具"＞"报表"＞"生成"菜单项，弹出"报表"对话框，选择"设置"＞"输出为页"，弹出"设置：输出为页"对话框，设置"连接列表"使用 F27_002.f27 表格。

选择"工具"＞"报表"＞"生成"菜单项，弹出"报表"对话框。

在"报表"对话框中，单击"新建"按钮，弹出"确定报表"对话框，选择"连接列表"，单击"确定"按钮，弹出"筛选/排序：连接列表"对话框，单击"确定"按钮，弹出"连接列表"对话框，选择放置连接列表位置为高层代号"MCC"，位置代号填写"＋G1"，页名为"500"，勾选"自动页描述"。

单击"确定"按钮，完成"连接列表"生成。关闭"报表"对话框，回到页导航器，双击"连接列表"查看项目 500 页，如图 7-20 所示。

连接列表

连接	源	目标
	=EB3+ET1-F1:1	=EB3+ET1-Q1:1
	=EB3+ET1-F3:2	=EB3+ET1-X2:1
	=EB3+ET1-F2:1	=EB3+ET1-F3:1
	=EB3+ET1-F1:2	=EB3+ET1-T1:L1
	=EB3+ET1-F2:1	=EB3+ET1-T1:+
	=EB3+ET1-N:2	=EB3+ET1-T1:N
	=EB3+ET1-PE:3	=EB3+ET1-X2:PE
	=EB3+ET1-X2:PE	=EB3+ET1-X2:PE
	=EB3+ET1-X2:PE	=EB3+ET1-X2:PE

图 7-20　连接列表

思 考 题

如何生成连接列表？

◀ 7.7　生成电缆图表 ▶

电缆图表指导电缆的制作和现场设备的连接。

选择"工具">"报表">"生成"菜单项，弹出"报表"对话框，选择"设置">"输出为页"，弹出"设置:输出为页"对话框，设置"电缆图表"使用 F09_003.f09 表格。

选择"工具">"报表">"生成"菜单项，弹出"报表"对话框。

在"报表"对话框中，单击"新建"按钮，弹出"确定报表"对话框，选择"电缆图表"，单击"确定"按钮，弹出"筛选/排序:电缆图表"对话框，单击"确定"按钮，弹出"电缆图表"对话框，选择放置电缆图表位置为高层代号"MCC"，位置代号填写"+G1"，页名为"600"，勾选"自动页描述"。

单击"确定"按钮，完成"电缆图表"生成。关闭"报表"对话框，回到页导航器，双击"电缆图表"查看项目 600 页，如图 7-21 所示。

电缆图表

电缆名称	=EB3+ET3-W1	
功能文本	自动机 2	
功能文本	**页/列**	**目标说明对象**
自动机 2	/1.2	-X1
=	/1.2	-X1
=	/1.2	-X1
=	/1.2	-X1

图 7-21　电缆图表

注意：

(1)EPLAN 是基于数据库设计的应用软件,完成项目包含大量的信息,原理图表达是其中的一种方式。

(2)充分了解 EPLAN 提供的表格基本可以了解电气设计和制造各个环节的数据。

(3)用户可以根据自己的需求定制表格的格式和内容,满足个性化的的需要。

思 考 题

项目实例中的封页、目录、部件列表、部件汇总表、端子图表、连接列表、电缆图表是如何生成的?

第8章
3D 布局设计

　　本章主要讲述如何绘制项目实例控制柜内器件的布局图以及示意接线图。在学习如何绘制项目实例控制柜内器件的布局图以及示意接线图之前,我们必须掌握以下基础知识。

　　1. 器件 3D 宏文件创建。

　　2. 3D 布局设计。

　　3. 3D 布线设计。

　　4. 3D 布局图导出。

　　3D 布局仿真模块的优势在于:EPLAN 通过二维安装板布局图或三维布局仿真软件模块,能够对产品制造过程进行模拟仿真,并生成 2D/3D 的机柜元器件布置图、自动布线信息(如线缆长度用量、自动接线路径、线缆标签信息等),把生产阶段的许多潜在问题消灭在设计阶段。

◀ 8.1　3D 宏文件的创建 ▶

要做 3D 布局,三维图当然是不能少的。EPLAN 只识别 stp 格式的 3D 图(后缀名为".stp" ".step"".ste"),所以做的 3D 模型都需要导成 stp 格式。关于 3D 图的来源,在比较知名的厂家官网上能下载到 3D 模型。

当然用户也可以自己用三维软件,如 SolidWorks、Pro/E、Inventor 等制作 3D 模型。

有 3D 模型就可以创建 3D 宏图形了。

新建项目"CHP8",单击"确定"按钮,在弹出的"项目属性"对话框中找到"项目类型",然后将"项目类型"改成"宏项目",如图 8-1 所示,宏项目创建完成。

图 8-1　项目属性设置

> 注意:
> EPLAN 有两种项目类型:原理图项目和宏项目。

这里以三菱 FX3U-64M PLC 为例来说明 3D 宏的创建。

1. 新建一个布局空间

选择"布局空间">"导航器",打开"布局空间"导航器,右击"CHP8",选择"新建",弹出"属性(元件):布局空间"对话框,如图 8-2 所示,单击"确定"按钮,退出该对话框。

2. 导入 3D 的 stp 文件

选择"布局空间">"导入(3D 图形)",弹出"打开"对话框,选择要导入的 3D 文件。

打开文件后,在布局空间"2"中包含很多个逻辑组件,如图 8-3 所示,必须把所有逻辑组件合并成一个组件,否则生成的宏是一个很零散的图形。在图形编辑界面框选中所有逻辑组件,

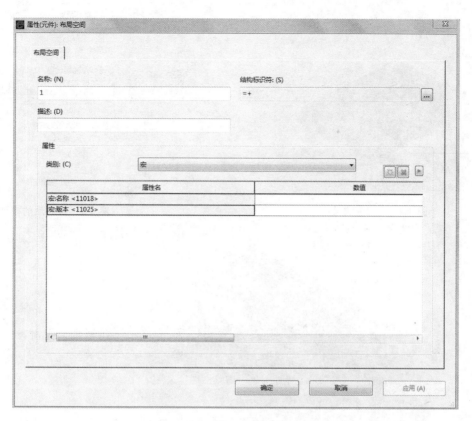

图 8-2 "属性(元件):布局空间"对话框

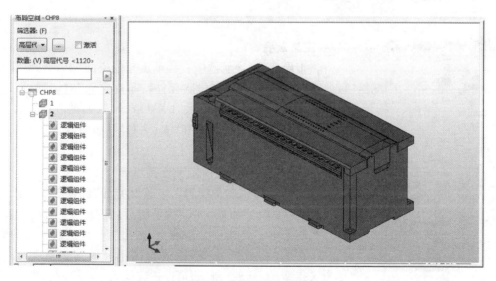

图 8-3 打开的 3D 模型

选择"编辑">"图形">"合并",模型变成黄色,同时光标附着着一个线框式的立方体,这时需要定义宏的"基准点",在 PLC 的底面中心处选择一点,作为 3D 宏的基准点,如图 8-4 所示;定义完成后,在"布局空间"导航器中,布局空间"2"就只有一个组件了,如图 8-5 所示。

3. 定义放置区域

选择"编辑">"设备逻辑">"放置区域">"定义",将 PLC 模型旋转,露出底面,选择底面,选择好后,出现透明绿色的安装面,如图 8-6 所示。

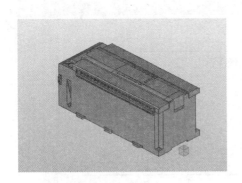

图 8-4 定义基准点

图 8-5 合并后的模型

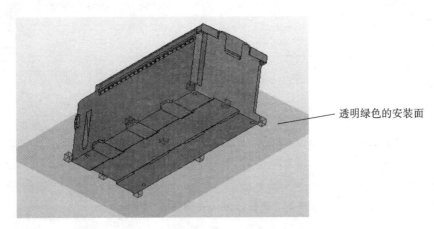

—— 透明绿色的安装面

图 8-6 定义安装面

4.定义宏名称

在"布局空间"导航器中右键单击布局空间"2",选择"属性"选项,如图 8-7 所示,弹出"属性(元件):布局空间"对话框,在属性栏"宏:名称"后的文本框内输入"FX3U-64M",如图 8-8 所示。若没有看到"宏:名称",则可以新建"宏:名称"并做修改。

5.定义连接点

为了能自动布线,需要定义连接点。

选择"编辑">"设备逻辑">"连接点排列样式">"定义连接点",在图形编辑界面的 PLC 端子附近,选择一个与电线垂直的面,并在端子中心处选一个基准点,弹出"属性(元件):部件放置"对话框,在"连接点代号"栏输入与端子号对应的代号,如"X0""X1""X2"等,如图 8-9 所示,可以连续输入,定义完后,单击"确定"按钮。

这个时候要通过选择"视图">"连接点代号"对"连接点代号"打钩,通过选择"视图">"连接点方向",对"连接点方向"打钩,这样就可以看到如图 8-10 所示的箭头。

6.生成宏

选择"工具">"生成宏">"自动生成宏项目",弹出"自动生成

图 8-7 定义宏操作

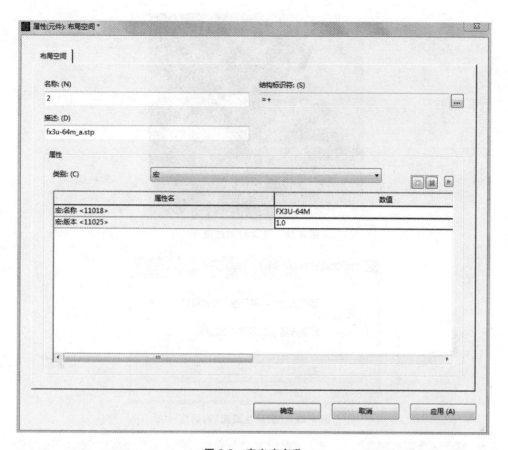

图 8-8　定义宏名称

图 8-9　定义连接点

宏"对话框,如图 8-11 所示,单击"是"按钮。

宏文件定义完毕,在宏文件夹里面可以看到,如图 8-12 所示。

7. 在部件中定义 3D 宏

打开原理图,双击"PLC 盒子"符号,弹出"属性(元件):黑盒"对话框,单击"部件"标签,在该标签页单击"部件编号"第一行,出现"…"按钮,单击"…"按钮,弹出"部件选择"对话框,在该对话框右侧的"技术数据"标签页中,单击"宏"文本框后的"…"按钮,在弹出的对话框中找到并选中"FX3U-64M.ema",如图 8-13 所示,单击"确定"按钮,在部件中定义宏完成。

图 8-10 定义好的连接点

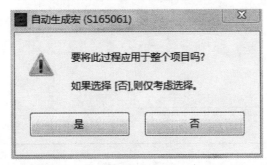

图 8-11 "自动生成宏"对话框

图 8-12 生成的宏

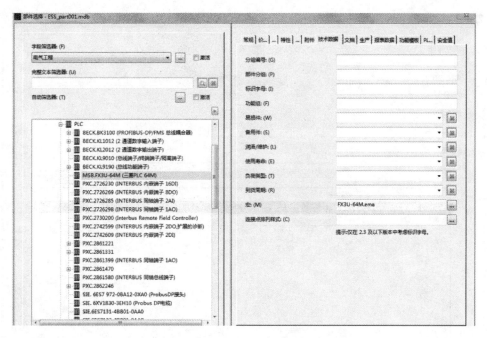

图 8-13 在部件中定义宏

思 考 题

用自己的语言描述如何创建元器件 3D 宏图形。

◀ 8.2 3D 布局设计 ▶

本节将介绍如何用 3D 布局方式设计项目实例控制柜内元器件的布局图。

打开项目"EPLANCLASS",打开"布局空间"导航器,右键单击"EPLANCLASS",选择"新建",弹出"属性(元件):布局空间"对话框,在该对话框"名称"文本框输入"layout",如图 8-14 所示,单击"确定"按钮。在"布局空间"导航器中双击"layout",进入图形编辑界面。

1.插入箱柜

选择"插入">"箱柜"菜单项,弹出"部件选择"对话框。

在该对话框选择"TS 8886.500(TS 8886.500 800/1800/600)",如图 8-15 所示,单击"确定"按钮。在图形编辑界面上单击一点放置箱柜,结果如图 8-16 所示。

右键单击导航器中的箱柜,选择"显示">"仅安装板",界面上就只显示安装板了,如图 8-17所示。

可以应用工具栏"3D 视角"的工具( )调整模型的视角。

2.插入线槽

选择"插入">"线槽"菜单项,弹出"部件选择"对话框,在该对话框选择一个宽 40 mm、深30 mm 的线槽,如图 8-18 所示,单击"确定"按钮。线槽的图标附着在光标上,在安装板安装线槽的位置单击一点,拖动鼠标,根据鼠标拖动的方向延伸线槽,到达另一端点,再次单击鼠标,完

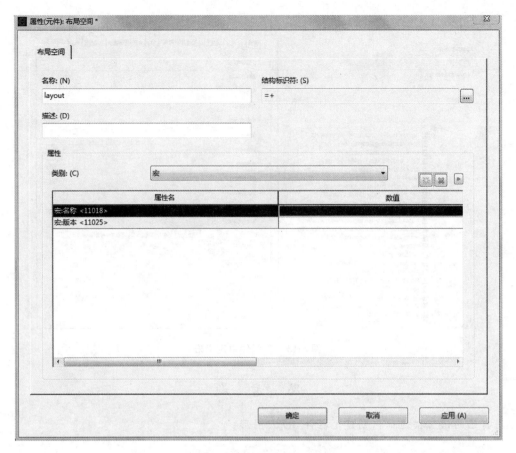

图 8-14　布局空间属性设置

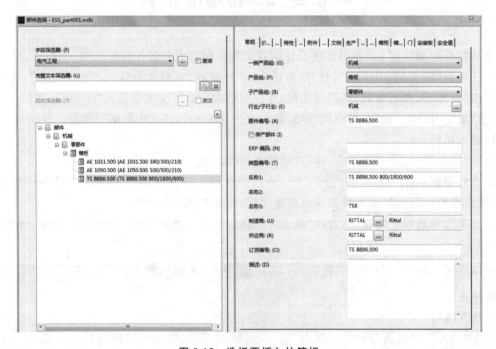

图 8-15　选择要插入的箱柜

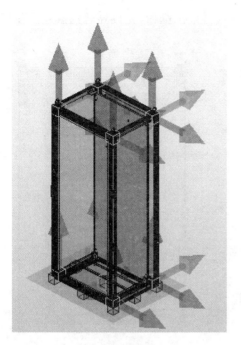

图 8-16　箱柜插入结果

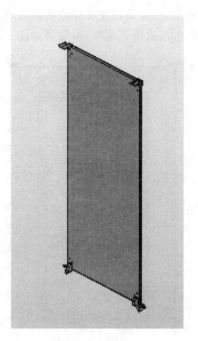

图 8-17　安装板显示

图 8-18　选择要插入的线槽

成线槽的放置。

使用相同的方法放置其他线槽,结果如图 8-19 所示。

3. 放置导轨

选择"插入">"安装导轨",弹出"部件选择"对话框,在该对话框选择一个宽 35 mm、高 10 mm 的导轨"TS 35_10(安装导轨 EN 50 022(35x10))",单击"确定"按钮。导轨的图标附着在光标上,在安装板安装导轨的位置单击一点,拖动鼠标,再单击鼠标,完成导轨的放置。使用同样的方法放置其他导轨,结果如图 8-20 所示。

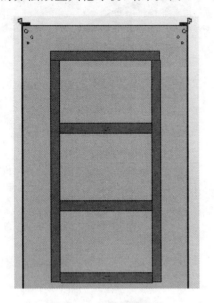

图 8-19 线槽放置结果

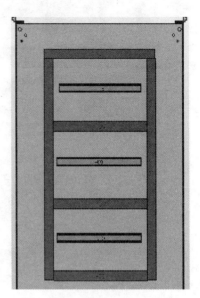

图 8-20 导轨放置结果

4.放置部件

选择"项目数据">"设备/部件">"3D 安装布局导航器",弹出"3D 安装布局"导航器(见图 8-21),在原理图上完成设计的部件按字母顺序显示在目录树中,单击图标,并将图标拖至图形编辑界面,元器件的基准点自动与导轨基准线对齐,安装面与导轨的安装面贴合,单击一点,元器件放置在导轨上。接着放置另外的元件,放置结果如图 8-22 所示。

图 8-21 "3D 安装布局"导航器

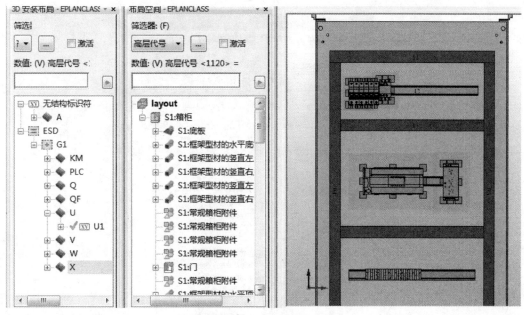

图 8-22　箱内布局

思　考　题

如何将设备部件布局在柜体内？在布局的过程中要注意哪些细节问题？

◀ 8.3　3D 布线设计 ▶

3D 布局完成后,确认各连接点已定义完成,如图 8-23 所示,就可以进行自动布线了。在绘图区域框选所有元器件,或者按 Ctrl＋A 键选择元器件,选中的元件颜色变黄。选择"项目数据">"连接">"布线(布局空间)",如图 8-24 所示,EPLAN 便自动生成导线,如图 8-25 所示。

由图 8-25 可以看出,线的颜色、粗细、走向都显示出来了,导线都是沿线槽走线。导线连接到元器件上有以下两种方式。

(1)本地连接点排列样式(见图 8-26)。

在布局空间,双击 3D 模型,弹出"属性(元件):部件放置"对话框,在该对话框将"本地连接点排列样式"前面的复选框选中,下面的表格就可以编辑了,在表格中输入连接点的 X、Y、Z 坐标和方向向量。

(2)在部件中定义。在创建 3D 宏时,定义连接点,参考前文中的介绍。

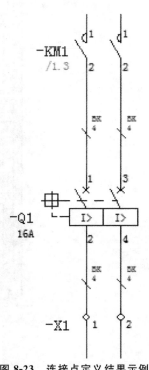

图 8-23　连接点定义结果示例

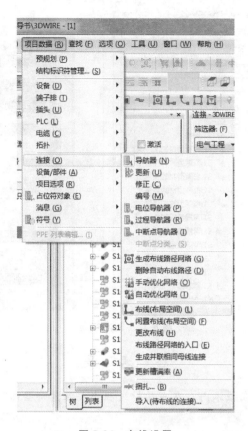

图 8-24　布线设置

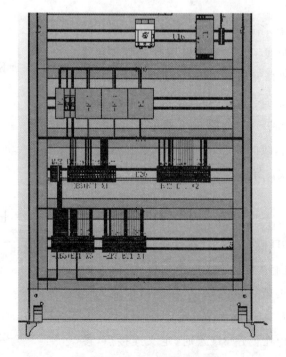

图 8-25　自动生成布线结果

图 8-26　本地连接点排列样式

注意:

(1)正确生成 EPLAN 安装板 3D 布局,要注意到的问题说起来有很多,其中功能模板很重要,它的数据必须与 3D 宏的相关数据一致,否则会导致 3D 布线出错。

例如,开关电源 PHO.2938581 3D 宏的连接点排列样式如图 8-27 所示,功能模板所定义的数据如图 8-28 所示,如果将 3D 宏属性连接点排列样式中的"L"写作"L1",就会生成不正确的 3D 布线。

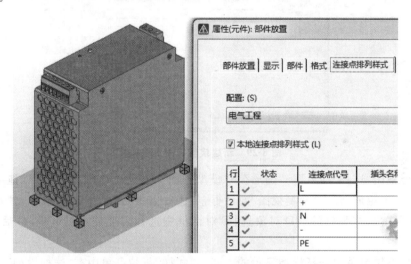

图 8-27　开关电源 PHO.2938581 3D 宏的连接点排列样式

行	功能定义	连接点代号	连接点描述	连接点截面积	接线能力	技术参数
1	整流器,可变					100-240V AC...
2	设备连接点	L				
3	设备连接点	+				
4	设备连接点	N				
5	设备连接点	-				

图 8-28　功能模板的设置

(2)符号或符号宏的连接点定义必须与功能模板和 3D 宏一致,特别是连接点代号的设置,否则 3D 布线就会出错甚至根本生成不了 3D 布线。

思 考 题

如何在柜内布局各设备部件连线？在 3D 布线设计过程中要注意哪些细节问题？

◀ 8.4 3D 布局图的导出 ▶

3D 布局后需要通过图纸来体现电柜的布局，这可以通过模型视图来体现。在"页"浏览器中单击"新建页"，弹出"新建页"对话框，在该对话框中"页类型"选择"模型视图（交互式）"，在"页描述"文本框中输入"模型视图"，将比例改成"1：10"，如图 8-29 所示，单击"确定"按钮。

图 8-29 新建模型视图页操作

双击模型视图，选择"插入"＞"图形"＞"模型视图"，在绘图区域单击一点，拖动鼠标，再单击一点，形成一个矩形，弹出"模型视图"对话框，如图 8-30 所示，在该对话框单击"基本组件"文本框后的"…"按钮，在弹出的"3D 对象选择"对话框中选择需要插入的电柜，然后单击"确定"按钮。

在"式样"下拉菜单中选择模型显示的方式。"式样"下拉菜单中有"线框模型""隐藏线""隐藏线/简化显示""阴影""阴影/简化显示"。

在"视角"下拉菜单中选择摆放的视角。"视角"下拉菜单中有"上""下""左""右""前""后""西南等轴""东南等轴""西北等轴""东北等轴"。选择"东南等轴"，设置好后单击"确定"按钮，3D 模型视图出现在绘图区域，如图 8-31 所示。

也可以插入一个数据的模型视图。同样选择"插入"＞"图形"＞"模型视图"，在绘图区域中拖出一个矩形，弹出"模型视图"对话框，单击"基本组件"文本框后的"…"按钮，在弹出的"3D 对象选择"对话框中选择安装板，如图 8-32 所示。在"式样"下拉菜单中选择"线框模型"，如图 8-33 所示。单击"确定"按钮，结果如图 8-34 所示，显示出安装板正视图。

在安装板中插入尺寸。选择"插入"＞"尺寸标注"，根据需要选择"线性尺寸标注"或其他，如图 8-35 所示，在绘图区域捕捉特征点，选两个点就可以进行尺寸标注了，如图 8-36 所示。有尺寸后，现场生产就变得很方便。

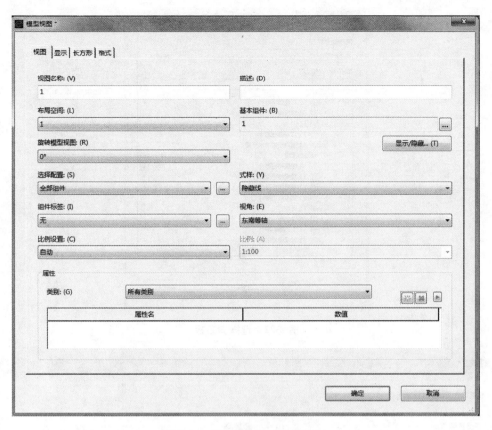

图 8-30   模型视图属性设置（一）

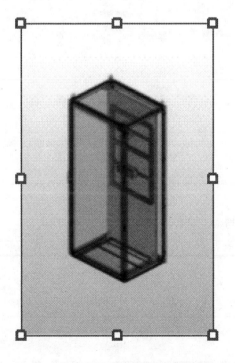

图 8-31   3D 模型视图出现在绘图区域

图 8-32 选择安装板

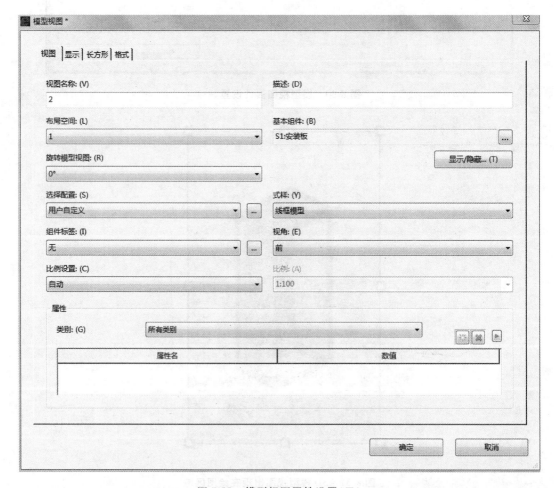

图 8-33 模型视图属性设置(二)

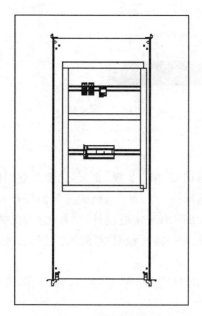

图 8-34　安装板正视图

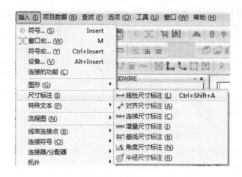

图 8-35　选择尺寸标注工具

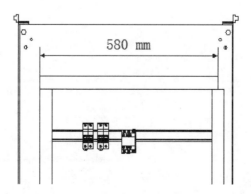

图 8-36　标注尺寸

思　考　题

如何输出项目柜内布局图？在输出的过程中应注意哪些细节问题？

参考文献 CANKAOWENXIAN

[1] 张宪,张大鹏.电气制图与识图[M].2 版.北京:化学工业出版社,2013.

[2] 王建华.电气工程师手册[M].3 版.北京:机械工业出版社,2006.

[3] 吕志刚,王鹏,徐少亮,等.EPLAN 实战设计[M].北京:机械工业出版社,2018.

[4] 张彤,张文涛,张瓒.EPLAN 电气设计实例入门[M].北京:北京航空航天大学出版社,2014.

[5] 扎克瓦特.电气工程基础与应用[M].熊兰,肖冬萍,李辉,译.北京:机械工业出版社,2014.

[6] 陈慈萱.电气工程基础(上册)[M].2 版.北京:中国电力出版社,2012.

[7] 陈慈萱.电气工程基础(下册)[M].2 版.北京:中国电力出版社,2013.